悟道

遇见更好的自己

夏梓郡 著

贵州出版集团
贵州人民出版社

图书在版编目（CIP）数据

悟道：遇见更好的自己／夏梓郡著． -- 贵阳：贵
州人民出版社，2024.12 -- ISBN 978-7-221-18896-0

Ⅰ．B821-49

中国国家版本馆 CIP 数据核字第 2024UJ9985 号

WUDAO：YUJIAN GENGHAODE ZIJI

悟道：遇见更好的自己

夏梓郡　著

出 版 人	朱文迅
责任编辑	文俊元
封面设计	鲍乾昊
版式设计	新在线文化

出版发行	贵州出版集团　贵州人民出版社
地　　址	贵阳市观山湖区中天会展城会展东路 SOHO 公寓 A 座
印　　刷	三河市兴达印务有限公司
版　　次	2024 年 12 月第 1 版
印　　次	2024 年 12 月第 1 次印刷
开　　本	710 毫米 ×1000 毫米　1/16
印　　张	12.75
字　　数	195 千字
书　　号	ISBN 978-7-221-18896-0
定　　价	49.80 元

序言

　　在这个充满无限可能，却又时常让人感到迷茫的时代，你是否曾感到困惑与焦虑？面对社会的喧嚣与期待，你是否偶尔也会忘记倾听自己内心的声音？这本书，就像是一封写给你的私人信件，邀请你暂时屏蔽外界的纷扰，与我们一同踏上一场专属于你的内在探索与蜕变之旅。

　　我们身处的世界，既精彩纷呈，又错综复杂。每一天，我们都像海绵一样，吸收着来自四面八方的信息——它们或激励我们前行，或诱惑我们走偏，或挑战我们的极限——让我们在追求梦想的路上时而坚定，时而动摇。但无论外界如何变化，真正决定你人生轨迹的，始终是你内心深处的那份力量——那份对自我价值的认同、对梦想的执着以及对生活的热爱。

　　本书不打算给你灌输一套现成的成功公式，因为每个人的生命轨迹都是独一无二的。书中选取了八位先贤，并把他们的思想融入现代生活场景中，希望成为引导你行动的智慧源泉。他们的故事和思想并不是为了让你复制，而是为了启发你思考：在你的生命剧本中，你想要扮演怎样的角色？

　　我们鼓励你，不要害怕承认自己的脆弱与不足，因为正是这些不完美，构成了独一无二的你。学会与它们共处，甚至从中汲取力量，是成长的重要一课。同时，也要勇于展现你的独特与光芒，不必为了迎合他人而失去自我。

　　在阅读的旅途中，你将学会如何更加深刻地理解自己，如何在快节奏的生活中找到属于自己的节奏，如何在挑战面前保持坚韧不拔，如何在成功与失败之间保持一颗平和的心。更重要的是，你将学会如何爱自己，如何在每一次选择中，都坚定地站在自己这一边。

　　亲爱的读者，请带着一颗开放的心，翻开这一页页纸张。这是一次心灵的对话，一次关于自我发现与成长的邀约。愿你在这次旅行中，不仅遇见更好的自己，还能唤醒内心深处那份沉睡的力量，勇敢地书写属于自己的精彩篇章。

目录

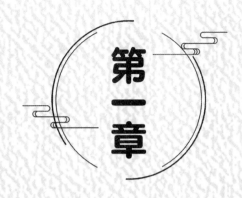

第一章

遇见最真的自己
——向老子取道

内在的转变是获得心灵自由的关键。当下，很多人往往被外界的压力和期望所左右，忽略了内心的声音。或许，当我们挣脱时间的束缚，停下脚步，倾听内心的声音时，才能触摸到真我。

第一节　道中寻千路，名里探真机

【原文】

道可道，非常道；名可名，非常名。

——老子

【译文】

"道"代表万物的本源、规律等。可以用言语来表达的"道"，不是永恒不变的"道"；"名"指的是事物的名称或概念。虽然可以用名称来指代事物，但这些名称并不是事物本身，也不是永恒的。

【趣味历史】

在常年的游牧射猎生活中，契丹人与马建立了深厚的关系，马背为家，马具为控，鞍具则为居。因此，他们对马鞍的制作工艺格外重视。

辽世宗耶律阮在一次视察时，遇见了一位制作马鞍工艺特别好的工匠。耶律阮就问他："为什么你制作的马鞍如此精美，工艺如此精湛呢？"工匠想了想后，告诉他："制作，从手到心，以技艺立道，随物赋形，以情怀入心。制作马鞍时，有的人速度慢，那么他会比较累，但是制作出来的马鞍会十分精美和耐用。有的人速度快，他不会很累，但是制作出来的马鞍会有些粗糙。大家都认为我制作的马鞍好，是因为我知晓这个道理，所以要我说，不快不慢才是最好的。"

耶律阮一听，觉得这不还是没有说出其中的奥秘吗？工匠笑了笑说："因为我长年累月制作马鞍，所以技艺与手法早就牢牢地'刻'在我心里了。什么时候雕刻花纹，什么时候调整角度，我心里一清二楚，这不是用三言两语就能说得清楚的，要在心里自己悟。我的徒弟来学习时，我只能将技术告诉他，其他的则需要他在长期的、日复一日的工作中磨炼，最终领悟到其中的奥秘。"耶律阮听了后，满意地点点头。

 **【明心见性】**

法国作家辛涅科尔曾说过："对于宇宙，我微不足道，可是对于我自己，我就是一切。"每个人都应该庆幸自己是世上独一无二的存在。都应该认清自己的独一无二，去发掘自己擅长的领域，并坚定地走下去，永远争做一流版本的自己，而不是成为二流版本的别人。有些事物的精髓如同一朵含苞待放的花儿，悄然绽放在心灵深处。那是一种无法用言语描述的感悟，只有亲身经历过的人才能体会其中的美妙。

【笑谈今朝】

公司老员工沈姐近期陷入职场焦虑。她工作勤勉，但业绩平平，因此常被领导批评，加之需要依赖这份工作支撑家庭，工作和生活压力巨大。沈姐虽勤奋无怨，却缺乏专长，常跟随他人步伐，模仿他人工作方法，如此初期尚有成效，但非长久之计，果然不久即业绩垫底。

为保工作，沈姐尝试了多种提升策略，比如模仿业绩优秀同事的沟通方式，尝试效仿他人经营客户等。

一番东施效颦般的尝试后，沈姐的业绩未升反降，远未达到预期，最终心灰意冷，黯然离职。

【明心见性】

我们常常羡慕他人的优秀，渴望成为那样的存在，这是人之常情。然而，在生活与工作的征途中，最忌讳的便是丧失自我，如同机器人般盲目复制他人的成功模式。殊不知，这样的行为无异于南辕北辙。其实真正的成功之道，植根于每个人的内心深处。它是一种独特的体悟，难以用言语完全表达。

第二节　聪明人的逻辑，先洞悉自己

【原文】

知人者智，自知者明。

——老子

【译文】

能识别他人的人是聪明，能全面了解自己的人才是真正的智慧。

【趣味历史】

韩非子，一个历史上赫赫有名的法家代表人物，他的思想影响了中国几千年的历史。然而，他的一生并非一帆风顺，由于他有轻微的口吃，这在当时无疑成为他在政治舞台上的一大阻碍。

但是他并未因此而气馁，他说："人之患，在于不善用其思。"在他看来，口吃只是一种语言现象，而人的思想是独立于语言的。犹如明镜，尽管有尘埃覆盖，但不影响其映照万物。所以，他在认清自己存在的问题后，他开始发挥自己的长处，将全部精力投入到了学术研究中，以期用自己的智慧来弥补口吃的缺陷。他的心中充满了对知识的渴望和对理想的追求。他像卧薪尝胆的勾践，不断磨砺自己；他像锲而不舍的金石，坚定不移，一直努力。他深入研究法家思想，像如饥似渴的学者，汲取知识的养分。他观察社会，像明察秋毫的法官，洞察人性的善恶。他思考问题，像深思熟虑的谋士，出谋划策。

最终，韩非子作为战国法家思想的领军人物，其法治理论以法为本，辅以术、势，被秦王嬴政采纳并实施，极大地增强了秦国的国力，确立了中央集权模式，为最终统一六国奠定了坚实的政治与理论基础。

 **【明心见性】**

缺点并不是我们思想上的绊脚石。只要勇敢地面对缺点带来的挑战，积极寻找适合自己的方法来克服困难，就能释放出自己的巨大潜能。越是了解自己，越能活成自己想要的样子。

【笑谈今朝】

公司财务永婷因账目出错受到薛经理批评，然而她性格火暴，受不得委屈，还未等领导批评完，便恼羞成怒地摔门而去。薛经理见状，急忙让助理拦下，意图再次和她沟通给她台阶下。

面对薛经理的让步，永婷因老客户资料在她手中，非但未反思，反而有恃无恐地提出无限期请假。永婷的举动引得全公司议论纷纷。

薛经理焦急万分，多次尝试通过电话、送花甚至亲自上门道歉来挽回，却均遭闭门羹。

无奈之下，薛经理只得采取新策略，指示公司发出通告，统一调高价格并且不再打折。起初，这一决策引发部分客户不满，但坚持实开发票的做法反而吸引了新客户。危机解除后，公司决定解雇永婷。

当永婷意识到错误并试图重回公司时，发现公司已没有她的位置。永婷对自我认知的缺失，对她的个人和职业生涯都是一场灾难。

【明心见性】

在《比从前更好》一文中，有句话这样说道："认识自我乃首要之务，进而采纳适合自身的策略。"深刻认知自己的人，更能掌控生活，在面对问题时能做出明智选择。

命运不会亏待任何人，每个人都有无尽潜能等待开发。发挥所长即可改变命运，而这一切的基础是：了解你自己。

第三节 以先见之明，决胜于千里之外

【原文】

为之于未有，治之于未乱。

——老子

【译文】

做事要在事情没有发生之前，解决祸乱要在祸乱未发生之前。

【趣味历史】

赵国公子平原君赵胜在位期间，采取了一系列前瞻性的策略，展现他卓越的预见性和治理智慧。

他深知国家安全的重要性，于是在威胁尚未显现之时，就致力于加强军事力量，重视军队训练，提升士兵的战斗素质。同时，他积极发展经济，为军队提供充足的物资保障，从而在国家面临挑战之前，就已经筑起了坚实的国防屏障。

在内政方面，赵胜同样展现了超前的洞察力。他推行一系列改革措施，巩固国家政权，实行严格法治，打击腐败现象。同时，他关注民生问题，减轻民众的负担，改善民生状况。这些政策的实施，使得赵国在潜在的社会动荡之前，就已经实现了政治的稳定和社会的和谐。

在外交上，他积极与楚国、魏国、燕国等保持友好的关系。通过外交手段的巧妙运用，他在潜在的外交危机之前，就已经为赵国赢得了广泛的支持。

此外，赵胜还非常重视民间矛盾的调解。他深知民间矛盾往往是引发社会动荡的根源，因此在矛盾尚未激化之前，就设立了专门的机构来处理民间纠纷，及时化解矛盾，从而有效地维护了社会的稳定。

【明心见性】

赵胜作为一国之君如此，我们在处理问题时，更应注重培养前瞻性思维，于细微之处察觉隐患，于平静之中预见风波。无论是政策制定、企业管理还是个人生活，都应秉持预防胜于治疗的原则，及早行动，防患于未然，以智慧与远见构筑稳固的基石，确保长远的发展。

【笑谈今朝】

在快节奏的现代生活中，人们常常因为工作繁忙和生活压力而忽

视对潜在危险的防范，然而，这种忽视往往会导致严重的后果。

马先生作为一家大型企业的中层管理者，日常工作繁重，经常加班至深夜。这种高强度的工作节奏让他忽视了对消防设施的管理，从而埋下了安全隐患。

一天晚上，当马先生正在办公室加班时，大楼内突然发生火灾。由于消防设施长期缺乏维护，火势迅速蔓延，整个办公区域很快陷入火海。马先生和其他员工被困在楼内，无法逃脱。幸运的是，消防部门迅速赶到并成功扑灭了火势，及时救出了所有人，因此并未造成人员伤亡。但是，许多办公设备却在此次火灾中损毁严重。

事后调查显示，火灾的源头是电线老化导致短路。如果公司能提前对消防设施进行定期维护和检查，及时发现并排除安全隐患，这场灾难或许就能避免。

此次火灾让马先生深刻体会到了未雨绸缪、防患于未然的重要性。他意识到，只有提前做好准备，采取有效的预防措施，才能避免悲剧的发生。

【明心见性】

聪明人的做法是在做事情之前，保持清醒的头脑，要能洞悉事情的走向。及早发现和解决潜在问题，抓住问题的根源，可以有效地防止可能发生的灾难。这样做不仅能事半功倍，而且可以避免事倍功半的结果。因此，事前控制胜于事中控制，事中控制胜于事后控制，这是一个有效的管理原则。个人的生活与发展必须建立在防患意识这棵常青树之上，才能平稳前行。

第四节 福祸的边界，在不确定性中寻找确定性

【原文】

祸兮福所倚，福兮祸所伏。

——老子

【译文】

福与祸是相互依存并互相转化的关系。

【趣味历史】

晋国公子重耳，本应过着尊贵无忧的生活，却因宫廷争斗被迫踏上了长达十九年的流亡之路。这十九年，对重耳而言，充满了艰辛与困苦，无疑是一场巨大的祸事。在流亡的岁月里，重耳历经磨难，风餐露宿。他曾食不果腹、衣不蔽体，饱尝世间冷暖。有时，他不得不向普通百姓求助，以求得一口饭食、一处安身之所。路途的艰辛让他的身体和心灵都承受着巨大的压力。

然而，正是这段充满苦难的流亡生涯，让重耳饱经沧桑，极大地增长了他的见识。他看到了各国的政治局势、百姓的生活状况，明白了治国理政的关键所在。更为重要的是，他在流亡途中结识了众多贤能之士。这些人有的智谋超群，有的勇武过人，有的德才兼备。他们被重耳的品德和抱负所吸引，纷纷追随左右。

狐偃、赵衰、先轸等贤士，与重耳同甘共苦，为他出谋划策，成为他最坚定的支持者和智囊团。他们的陪伴和帮助，让重耳在困境中始终保持着坚定的信念和复国的决心。

终于，经过漫长的等待和不懈的努力，重耳在秦穆公的大力支持下，得以返回晋国。此时的重耳，已不再是当初那个稚嫩的公子，而是一个历经风雨、成熟稳重、心怀大志的领导者。他凭借着在流亡中积累的经验和智慧，广纳贤才，推行改革，使晋国迅速崛起。

最终，重耳成了一代霸主晋文公。他的故事告诉我们，祸兮福所倚，看似悲惨的遭遇，往往也蕴含着转机和希望。只要能够坚守信念，不断努力，终能迎来光明的未来。

【明心见性】

工作中，受到老板的批评或许会让人心情低落，感觉自己处于不确定的困境之中。然而，如果能在这种不确定性中寻找确定性，就会发现这其实是一个宝贵的契机，能促使我们深入反思并努力改进工作。虽然有时被责备了，但这也正是一个锤炼技能、提升自己的绝佳机会。

很多时候，对事物的看法不能仅仅停留在事情表面的好坏判断上，而应该学会像《塞翁失马》故事中的主人公那样，始终保持乐观豁达的心态，坚信无论遭遇什么，都是生命旅程中最好的安排。

【笑谈今朝】

车先生是一家小型科技公司的老板。近日，他收到了一份来自海外的巨额订单，客户对他们的新产品表示出了浓厚的兴趣。车先生视此为公司发展的关键契机，随即着手展开周密的筹备工作。

然而，就在双方即将签约之际，公司内部却突然曝出严重的质量问题。原来，之前的一批产品存在设计缺陷，客户反应十分强烈，甚至可能引发大规模的召回事件。

这一事件使得车先生面临着迫在眉睫的信誉和经济的双重危机。然而，他没有选择逃避，而是迅速组织团队全力排查问题并进行改进。

海外客户得知车先生的应对态度后，反而表示理解并给予支持。车先生备受鼓舞，经过不懈努力，终于解决了问题，产品得到了全面改进。客户对此表示满意，并决定与公司开展深度合作。

最终，车先生成功签下了这份海外订单，并借此机会提升了产品质量和客户满意度。这场危机让他深刻认识到诚信与质量的重要性，同时也领悟到困境中蕴含的机遇。

 ## 【明心见性】

人生的经历充满了跌宕起伏、悲欢离合和浮沉变幻。在这充满不确定性的命运轨迹中，探寻并坚守那份内在的确定性显得尤为重要。当身处逆境，面对灾祸与不幸的侵袭时，应秉持乐观之心，勇于直面挑战，于祸中寻找转机，这是福祸边界上的一份坚韧。反之，在顺风顺水、志满意得之时，应以谦卑谨慎之心前行，于福中预见并规避潜在的风险，不让一时的顺遂演变成不可逆转的祸患。

第五节　柔弱胜刚强，水滴可穿石

【原文】

　　天下莫柔弱于水，而攻坚强者莫之能胜，其无以易之。弱之胜强，柔之胜刚。

——老子

【译文】

　　水是天下最柔弱的，但是许多比它坚强的物体却无法打败它。柔弱的能打败坚强的，柔软的能胜过坚硬的。

【趣味历史】

在汉朝历史中，刘恒身为皇子，虽处权力斗争旋涡，却以柔克刚，静待时机，终登皇位。

当时，汉室王朝内部权力斗争激烈，刘恒的兄长们为夺嫡而刀光剑影，而他却置身事外，深居简出，潜心于文学的研习中。就在夺嫡之争白热化之际，太后看重刘恒温文尔雅、深藏不露的品质，认为他具备帝王之质。在太后的大力支持下，刘恒逐渐崭露头角，成为众人瞩目的焦点。

刘恒并未骄傲自满，他深知宫廷权谋与争斗的残酷，因此更加谨慎，柔中带刚。他运用智慧化解一场又一场的危机，逐步巩固了自己的地位。汉文帝驾崩后，刘恒顺利继位，成为汉朝第五位皇帝。他秉持柔弱胜刚强的治国理念，推行仁政，减轻赋税，安抚百姓，使汉朝进入繁荣昌盛的时期。

在位期间，刘恒如水般柔韧，既能化解内部矛盾，又能抵御外患。他对外实行和亲政策，与匈奴和平共处；对内则加强中央集权，削弱诸侯势力，使国家更加稳定。刘恒的治国之道使他在历史上留下美名。他的一生充满起伏和转折，从默默无闻的皇子到登上皇位的一国之君，他用智慧和坚韧书写了一段传奇人生。

 **【明心见性】**

一场硬碰硬的较量，犹如两虎相斗，必然是杀敌一千而自损八百，双方都会付出沉重的代价。在这样的对抗中，往往没有真正的赢家，只有遍体鳞伤的幸存者。然而，若能适时地展示柔弱，以柔克刚，运用智慧而非蛮力，事情往往就能迎刃而解，达到意想不到的效果。

【笑谈今朝】

小白是位资深停车场收费员，多年如一日，用心服务每位车主。近期，停车场出台新规：车位满时，后来者须等待。然而，部分车主不守规矩，强行闯入，甚至威胁小白。作为服务人员，小白总是尽力满足车主的需求，却也因此遭遇个别车主的无理刁难。

某日，一位车主因需排队等候，愤怒地斥责小白，要求其立即安排停车。面对车主的无理取闹与言语侮辱，小白一时气愤，与之发生争执。不料，该车主竟因情绪激动，持刀伤人，导致小白脾脏受伤，虽然生命无虞，但身体状况大受影响。车主因故意伤害罪被判入狱。

一场无谓的争执，让两个家庭陷入痛苦。事后，小白深感懊悔。他意识到，若当时能更冷静些，不与车主逞口舌之快，以一瓶水、一个微笑化解冲突，或许就能避免这场悲剧。

【明心见性】

文学家曹文轩阐述了一个深刻的生活哲理："真正具有震撼力的元素，并非粗重与坚硬，反而是柔软与细腻。"在这场生活的较量中，过于强硬只会招致敌意，过于直率则可能引发怨怼。

柔是一种美德，是在坚持自己的立场和原则的同时，以一种平和、细腻的方式去处理问题；柔是一种不张扬、不激烈，却能够持之以恒、坚韧不拔的力量，能将冲突化为和谐，免去不必要的纷扰。

第六节 智者静而不争，笑看人世纷争

【原文】

夫唯不争，故天下莫能与之争。

——老子

【译文】

不参与无谓的争斗的人，反而能获得更高的胜利。因为我们的内在力量和智慧如此强大，以至于没有人能与之真正地抗衡。

【趣味历史】

雍正皇帝在皇位争夺战中，巧妙地运用了"不争就是争"的策略，并最终胜出。这一策略不仅彰显了他的智慧与心机，还充分展现了他善于抓住机遇、运筹帷幄的卓越能力。

他始终保持低调谦逊的态度，没有显露出对皇位的强烈渴望，也没有与其他竞争者公开发生冲突。在康熙皇帝赐府邸后，他与福晋过着简朴的生活，潜心研究佛教，抄写佛经献给康熙，并出资建造大觉寺，自号圆明居士。这种不争的态度，使他能够暗中观察各方势力的动向，为自己积蓄力量、争取最后的胜利创造了有利条件。

同时，雍正皇帝擅长运用权谋手段，巧妙地拉拢人心。在与竞争对手的较量中，他总能够准确地抓住对方的弱点，并采取适当的手段加以利用。

在整个争夺皇位的过程中，雍正皇帝始终保持清醒的头脑。他深知皇位争夺的残酷性，任何一个小的失误都可能导致失败。因此，他坚持低调行事，从不表功、邀功，一心为朝廷办事。最终，他成功地击败了竞争对手，成为一代英明君主。实际上，一旦做到了不争，便已经立于不败之地。

 **【明心见性】**

在纷繁复杂的竞争世界中，那些稳坐钓鱼台、看似不争不抢的人，往往能在故事的尾声绽放出最舒心的笑容。那是因为他们一直在默默积蓄力量，耐心等待时机的到来，最终成就一番非凡的事业。

【笑谈今朝】

在商业世界的舞台上，一位年轻董事凭借才华与业绩赢得老总裁的青睐，迅速崭露头角。老总裁退休后，留下的人事任命让他既兴奋又紧张，深知此职位权力与责任并重。

很快，公司内的另两位副总裁对此决定表示反对，他们认为这位年轻董事的资历尚浅，恐怕无法胜任这个重要的职位，会让集团的利益受损。董事会的成员开始动摇，对公司的这一决策陷入了僵持不下的状态。

面对这样的困境，这位年轻董事寻求到一位高人的指点。在高人的建议下，他决定放弃竞选总裁一职，转而埋头苦干，专注于实际工作。结果，那两位副总裁为了争夺总裁的位置相互争斗，导致公司的利益受到了损害。而这位放弃权力、专心做事的年轻董事，却凭借他的实力和工作成果，赢得了董事会的一致认可。

最终，董事会的人看清了谁才是真正干实事的，谁是只争权夺利的。他们一致投票通过，任命这位年轻董事为总裁。他以不争之态，间接地证明了自己有能力领导这家公司，也让所有人看到了真正的领导者应有的品质。

【明心见性】

在当下快节奏的社会中，我们常常感到压力山大，为了生活与未来，似乎总在与时间、他人、自我不断争斗。然而，我们常忽略一种境界——"不争"。

不争并不意味着放弃，也不是消极地逃避。相反，这是一种境界，是一种超脱于争斗之外的心态；是一种对待人生的态度，是一种内心的平静和坦然。

第七节　仁德之心为本，道义之行立身

【原文】

　　道常无名。朴虽小，天下莫能臣也。侯王若能守之，万物将自宾。天地相合，以降甘露，民莫之令而自均。

——老子

【译文】

　　"道"通常是无名无形的，它是最朴素、最本原的存在。尽管它看似微小、简单，但天下没有任何力量能够使它屈服或成为其臣属。

如果侯王（统治者）能够坚守"道"的原则，不违背自然法则，那么万物将会自然归顺，社会秩序也将和谐有序。天地之间相互配合，降下甘露（比喻恩泽、滋养），人们并没有刻意去命令或分配，但甘露却自然地均匀分布，滋养万物。

【趣味历史】

在波澜壮阔的历史长河中，姜子牙以其卓越的军事才能和卓绝的智慧，成为后世敬仰的军事家。

周武王欲建立不朽之功，遂向姜子牙请教治军之道。姜子牙以治国若烹小鲜，治军如指挥乐队作喻，向周武王阐述了治军的精髓。武王听后，急切地询问其详细内涵。姜子牙进一步提出了"三将"之说：首先是"礼将"，强调将领应爱护士兵，与士兵同甘共苦，以身作则，树立榜样；其次是"力将"，要求将领成为士卒的表率，身先士卒，无论寒暑，始终与士兵并肩作战；最后是"止欲将"，倡导将领应克制私欲，始终把士兵的利益放在首位，全军未安，自己绝不安逸。他强调，治军之道需顺应军队之势，激发将士内心的热血与勇气，使他们心甘情愿地服从命令，方能做到令行禁止。

在姜子牙的指挥下，周武王治理军队如臂使指。每当战鼓响起，将士们无不奋勇向前。这"三将"之道如同一把钥匙，开启了士兵们心中的大门，使他们心甘情愿地追随将领，冲锋陷阵，势不可挡，直指纣王的荒淫无道。而周朝的兴起则如同旭日东升，注定将取代商朝，统治天下。这一历史的必然不仅源于姜子牙的卓越才能，更得益于周武王那由"三将"之道凝聚而成的强大军队。这支军队力量强大，足以撼动乾坤，改变历史进程。

**【明心见性】**

姜子牙的用兵之道，正是顺应了"道"的运行规律。让万民归顺、臣服，激发他们的忠诚与热忱，使他们心甘情愿地为周朝效力。

这一智慧在当今社会依然具有重要意义，无论是个人成长还是企业管理，都应顺应自然规律和社会趋势，以柔和、智慧的方式引导，才能实现真正的成功。

【笑谈今朝】

在一个村庄里，村民们原本过着平静和谐的生活，尊重自然，与自然和谐相处。然而，商人杨云的归来打破了这份宁静。他曾是村中人，却不再满足于传统的农耕生活，意图开采附近的矿山以迅速致富，认为财富能让村庄更强大。

但开采矿山违背了村庄的发展规律。村民们深知矿山是自然恩赐，过度开采将破坏生态平衡，引发灾难。他们纷纷劝阻，杨云却置若罔闻，执意开采。

随着开采的增加，村庄环境急剧恶化：河流受到污染，森林被大量砍伐，空气中充斥着灰尘和有害物质。杨云对此视而不见，只顾自己奢华享受，对村民的苦难和大自然的警示漠不关心。

终于，一场山洪暴发，村庄遭受重创。村民们虽都侥幸逃生，但家园已毁。

 ## 【明心见性】

各行各业都有其独特的规则与道义，身处其中便需恪守其道。这既是对行业的尊重，也是个人德行的体现。守道，本质上是守护并彰显个人的高尚品德。然而，令人惋惜的是，有人或许在专业技能上有所成就，即"得道"，却因忽视或轻视了德行的修养，最终走上了违法犯罪的道路。

第二章

自我觉醒的原动力
——聆听孔子的仁爱之心

　　在心灵的成长之旅中，仁爱犹如一盏明灯，指引着我们在喧嚣尘世中保持一分温柔与理解，用开阔的心去理解和接纳周围的人和事。当我们的内心被仁爱充盈，自我觉醒的力量便悄然生长，引领我们突破束缚，勇往直前。

第一节 日省其身，人生逆袭翻新

【原文】

见贤思齐焉，见不贤而内自省也。

——孔子

【译文】

见到德才兼备的人，应想着向他们看齐；遇到行为不当的人，则应反躬自省，避免同样的错误，这是一种自我提升的方式。

【趣味历史】

清代书画家郑板桥以诗、书、画"三绝"蜚声于世。他在艺术追求的道路上，不断向德才兼备的前人看齐，并反躬自省以提升自己。

郑板桥十分欣赏徐渭（徐文长）的画作，徐渭的作品风格独特，富有创新精神。郑板桥便努力学习徐渭的绘画技法和风格，同时融入自己的个性和感悟。在这个过程中，他不仅借鉴了徐渭的优点，还通过自我反省，认识到自己的不足之处，并不断加以改进。

他在书法上也有独特的见解和追求。在当时，流行的书法风格较为规整、传统，而郑板桥则反其道而行之，创造了"六分半书"。这种书法风格融合了多种字体的特点，独具韵味。他在形成自己风格的过程中，也不断观察他人的优秀作品，取其精华，同时反思自身，避免陷入盲目模仿或故步自封的境地。

此外，郑板桥的为人也备受赞誉。他关心民间疾苦，其作品常常反映出对百姓的同情。这种高尚的品德，或许也是他在与他人交往中，观察到德才兼备之人的行为举止后，不断自我反省和学习的结果。

郑板桥的故事体现了通过向优秀的前人学习，并结合自我反思和创新，最终在艺术领域取得了卓越成就。

 **【明心见性】**

自古以来，成就大业者，皆摒弃自负之弊。不仅要规避自负之思，更需自省，还需主动越过遮蔽视线的障碍，保持头脑清醒，及时清除思想的尘埃，净化行为之污，以锻造"金刚不坏之身"，如此方能在成就大业的道路上畅通无阻。

【笑谈今朝】

赵博，一位年轻的医生。在其从医生涯中，他遇到了一位德才兼备的前辈。这位前辈不仅医术精湛，而且在与患者和家属的沟通中，总是充满耐心和关爱。赵博见到这位前辈如此优秀，心中想到"见到德才兼备的人，应想着向他们看齐"，于是他决心向这位前辈学习，不仅要提升自己的医术，更要注重与患者和家属之间的良好沟通。

有一次，赵博全力救治一位重症患者却未能挽回生命，他深受打击，陷入了自责。在这个过程中，他并未像其他人那样，将问题归咎于外部因素。赵博认为"见不贤而内自省也"，他开始反思自己在治疗过程中的不足。意识到自己过于专注医学技术，而忽视了与患者和家属建立情感连接。这让他深刻认识到，医疗工作不仅仅是技术上的救治，更要提供给患者心灵上的抚慰和支持。

于是，赵博开始努力提升自己的沟通技巧和人文关怀能力。他主动参加相关培训，更加注重团队协作，与其他医护人员共同为患者提供全方位的照护。通过这样的自我提升，赵博逐渐成长为一名不仅医术高超，而且充满人文关怀的优秀医生。

 【明心见性】

苏格拉底曾言："未经反省的人生是不值得过的。"人生，是一场自诞生至谢幕的旅程。随着年龄的增长和理性的完善，我们逐渐成熟，以更客观、更科学的角度去洞察事物，挖掘其内在价值。在这漫漫旅程中，我们应时刻进行自我审视与反思。一个人对世界的理解，对生命意义的探求，均源于这种不断地自我反省。

第二节 公平公正分配，心之所向

【原文】

不患寡而患不均，不患贫而患不安。

——孔子

【译文】

一个国家不要担心财富少，而要担心分配是否不均匀；不要担心人民生活贫穷，而要担心国内是否安定。

【趣味历史】

汉文帝刘恒即位后，为实现财富的相对公平分配，采取了一系列措施。他减轻田租税率，从"十五税一"减到"三十税一"，极大地减轻了农民的负担，使农民能够在土地上获得更多的收益。

对于权贵阶层，汉文帝严格限制他们对土地的兼并，打击不法豪强，保障普通百姓的土地权益，避免财富过度集中在少数人手中。

在安定方面，汉文帝提倡节俭，并以身作则。他多次下诏赈济鳏寡孤独、贫困之人。在法律上，他废除了一些残酷的刑罚，力求司法公正，营造了宽松的社会环境。汉文帝的仁政赢得了民心，巩固了汉朝的统治基础。

在汉文帝的治理下，虽然汉朝的财富总量不算十分丰厚，但财富分配相对均匀，国内安定祥和。百姓安居乐业，农业生产逐渐恢复，商业逐渐繁荣，国家的实力也在稳步增强。

汉文帝以其智慧和仁政，践行了这一治国理念，为汉朝的繁荣奠定了坚实的基础。

【明心见性】

生存之道，远离灾祸，然而不公正常导致危害发生，此即为"不平衡"导致的祸乱。

宇宙守则强调平衡至上，无论群体、还是个体，唯有在平衡的状态下方能确保稳定与进步。非个人主观意愿所能主导，不盲目追求所谓圆满，便能达到真正的满足。

【笑谈今朝】

康欣科技公司以其创新产品和独特企业文化迅速成为行业新星，吸引了众多英才。但随着公司快速扩张，管理问题逐渐暴露。CEO吕飞在人员管理上做不到公平，常常基于私人关系而非员工能力来评定。

在晋升和奖金分配上尤为突出。工程师吉图雅虽贡献显著，却因内向未受到吕飞的重视；而吕飞的亲戚裴雪美则因关系而备受关照。

在一次项目危机中，吉图雅带领团队解决难题，挽回了损失，但吕飞在庆祝会上却将功劳归给裴雪美，忽视了吉图雅的贡献。这一事件激起了员工的广泛不满，吉图雅愤而离职，其他人也开始寻找新工作。人才流失导致公司业绩下滑，客户和合作伙伴逐渐对公司失去信心。吕飞最终意识到问题的严重性，但为时已晚。

【明心见性】

　　家庭中微末的失衡，往往成为矛盾的终极源头。亲子间的纷扰，往往源于父母的行为。对父母而言，偏心或许无足轻重，然而对孩子而言，原生家庭中的偏心会对他们造成严重的伤害。

　　受偏爱的孩子因在家庭关系中的优越感，可能会衍生出傲慢的心态；被边缘化的孩子则可能在自卑的阴影里挣扎，产生怨怼或软弱情绪。我们今天所提倡的公正，实为对失衡后果的补偿，旨在缓解人际的冲突。因此，在发展进步的道路上，应恪守公平公正的原则，关爱他人的需求与情感，以促进社会的和谐繁荣。

第三节　以仁调频，让爱穿越心灵壁垒

【原文】

人而不仁，如礼何？人而不仁，如乐何？

——孔子

【译文】

如果一个人失去了仁爱之心，那礼还有什么意义呢？如果一个人毫无仁爱之心，那乐又有什么用处呢？

【趣味历史】

在汉武帝晚年，朝局动荡，宫廷内部暗流涌动。这时，一个名叫丙吉的郎官，勇敢地救助了一位身陷囹圄的皇族，此人正是后来的汉宣帝刘询。

当时，丙吉在天牢中见到了这个刚满月的孩子就是刘询。当时他病得奄奄一息，天牢环境非常恶劣，导致他长期营养不良。丙吉为人善良，于心不忍，他知道这孩子是无辜的，可是又没办法救他出去，只好暗中在牢房里找了两个刚生育还有奶水的女囚犯来轮流喂养这个孩子。由于刘询年龄太小，身体不好，有好几次都病危了，都是丙吉及时请来了郎中，才保住了他的性命。就这样丙吉一边做监狱长，一边照顾着刘询，使他度过了那段艰难的岁月。公元前 87 年，汉武帝病重，大赦天下为自己祈福，刘询被放了出来。成年后，刘询结交官民，利用各种机会观察风土人情，深知民间百姓的疾苦。

在一场宫廷斗争中，刘询凭借着自己的智慧，成功击败了其他对手。登上了皇位，成为汉宣帝。

汉宣帝登基后，他第一时间找到了丙吉和乳娘，对他们予以重赏。丙吉被封为列侯，乳娘也被封为夫人。他们的家人都得到了相应的封赏。

这段感人至深的故事，传遍了大江南北。人们纷纷为之动容，感叹命运的神奇。我们看到了丙吉的仁心，正因如此，他得到了皇帝的眷顾，也让我们感受到了人性的光辉。

【明心见性】

　　仁爱的最高境界，就像水一样，滋润万物而不争名逐利；在别人最需要帮助的时候，伸出一双手；在别人艰难的时候，拉一把；在别人摔倒的时候，扶一把；在别人需要助力的时候，推一把。这些行为看似微不足道，但在关键时刻能给予他人支持和鼓励，帮助他们渡过难关。

【笑谈今朝】

　　李老汉80岁，他的儿子身体不好，无法照料他，于是送他进敬老院。不料，敬老院的护工彭某外表和善，内心却隐藏着一颗恶魔般的心。他经常以照顾老人为名，对他们进行虐待。他喜欢看到老人痛苦的表情，这让他感到一种莫名的快感。

　　李老汉入住敬老院后，成为彭某的虐待对象。一天，李老汉不慎摔倒，痛苦不堪。然而，彭某却毫不在意，不仅没有帮助李老汉，甚至嘲笑李老汉"矫情"。李老汉只好求助同屋的伙伴，让他帮忙通知家人。家人赶来后，了解到了彭某的所作所为，十分气愤，选择了报警。

　　护工应该怀着一颗爱心对待老人，让他们感受到家的温暖。但是，这位护工却毫无人性，令人唾弃。

【明心见性】

　　仁爱之心是人类宝贵的品质之一。一旦失去，将会带来无尽的痛苦和悔恨。让我们珍惜自己的仁爱之心，用它来温暖他人的心灵。失去仁爱之心的人，终究会在黑暗中迷失自己。

第四节　懂得换位思考，精通处世之道

【原文】

己所不欲，勿施于人。

——孔子

【译文】

自己都不愿意做的事情，就不要强加给他人。

悟 道

【趣味历史】

古代，卢马被认为是一匹不吉利的马，据迷信说法，它的前任主人因在战场上骑着它而被对方射杀。因此，有些人建议它的新主人，即晋明帝的小舅子庾亮不要骑这匹马，以免遭受不幸。更有人建议庾亮将马送给一个他讨厌的人，让这个人先承担这匹马的"劫数"，等这个人死了之后，庾亮再拿回马，这样就不会有问题了。

庾亮对这种说法半信半疑。某日，庾亮骑着卢马外出巡视。然而，一场灾难正悄然降临。在巡视途中突然有一群乱兵闯入，企图劫持庾亮。卢马受惊，狂奔起来。庾亮紧紧抓住马鬃，一路颠簸。

幸运的是，庾亮最终逃脱了，但卢马却因此次事件变得性情暴烈，难以驯服。众人皆劝庾亮将卢马出售，以避免再次发生意外。然而，庾亮却坚决不同意，他将卢马视为他的幸运符，坚信它能够带来好运。

日复一日，卢马的性格越来越暴烈，庾亮也因此而受到影响，时常处于危险之中。然而，他仍然不肯放弃卢马，甚至在一次宴会上，他公开表示："卢马不吉利？那只是运气不佳，我相信它会转运的。"

庾亮之所以这样说，并且坚持将马留下，是因为他认为卢马救了他一命，并且如果卖掉了这匹马，那么买马的人就可能会遭遇不幸，这就是将自己的不幸转嫁给别人，这种行为是非道德的。庾亮的这种高尚品德被后人广为传颂。

【明心见性】

在处理人际关系时，要尊重他人的感受和尊严，不要以自己的意志去强迫别人做自己不愿意做的事情。

当我们想要对别人施加某种行为时，应该先反思自己是否愿意承受同样的行为。如果我们自己也不愿意承受，那么我们就应该放弃这种行为，以免对别人造成伤害。

【笑谈今朝】

夫妻俩商量为即将结婚的朋友挑选礼物。丈夫建议送一套家里不常使用的酒具，妻子则提出送茶具，其精美的工艺和小巧的款式让她相信朋友会喜欢。丈夫疑惑为何不送闲置的酒具，妻子解释道："把自己都觉得多余的物品拿去送给别人，这样缺乏诚意。而把自己喜欢的物品送人，则是对人的一片真心和尊重。这样的礼物，不仅能让朋友感受到我们的祝福，还能让友谊更加深厚。"

果然，朋友收到后，对茶具赞不绝口，也感受到了夫妻俩的深情祝福和友谊。

　**【明心见性】**

人性之善，莫过于"己所不欲，勿施于人"。人都有善待自己之心，哪怕是在潜意识之中。当由己及人的时候，就会体谅他人，不会做令其他人不愉快的事情，所以也就没有了欺骗、辱骂、歧视的伤害。但是，不知从何时起，有些人把"己所不欲，勿施于人"的优良传统变成了"己所不欲，尽施于人"的恶招，互相伤害，对他人冷漠以待。如果我们打开心扉，真诚地善待他人，那么，真正的和谐社会才会出现。当人们处于其乐融融的氛围时，才会更好地安居乐业、互敬互爱。

第五节 巧言虽悦耳，仁心方为贵

【原文】

巧言令色，鲜矣仁！

——孔子

【译文】

花言巧语、假装和善的人，往往背后隐藏着阴谋，并不是真正的仁德。

【趣味历史】

在战国时期，有一位博学多才的士人名叫邹忌，因其明智和善于辞令而闻名于诸侯。他的妻子、妾侍及来访的客人，时常环绕在他的周围，对他的智慧和才华赞不绝口。他们的奉承之词如同甜言蜜语，包裹着邹忌，使他身陷其中，但邹忌却并未被蒙蔽。

一日，邹忌从朝堂归来，面带忧色。他的妻子见状，便关切地询问："大人归来，为何愁眉不展？"邹忌叹道："我今日在朝堂，受到了君主的重用和同僚的赞誉，但我心中却有着难以言说的忧虑。"妻子疑惑地看着他，他却无言以对。

早晨，邹忌起床后，问妻子："我与城北徐公谁美？"妻子回答："君美甚，徐公何能及君也？"邹忌不信，又去问他的姬妾和客人，得到的答案亦是如此。有一天，徐公来了，邹忌仔细地看着他，自认为不如徐公美；照着镜子里的自己，更是觉得自己与徐公相差甚远。

邹忌由此想到，齐威王可能也面临着类似的情况。宫中的大臣们每天都围着威王转，阿谀奉承，威王如何能听到真话？邹忌决定劝谏齐威王广开言路，采纳忠言，以强国富民。

于是，邹忌以自身经历为喻，对齐威王说："臣诚知不如徐公美。臣之妻私臣，臣之妾畏臣，臣之客欲有求于臣，皆以美于徐公。今齐地方千里，百二十城，宫妇左右莫不私王，朝廷之臣莫不畏王，四境之内莫不有求于王：由此观之，王之蔽甚矣。"威王听后，沉思良久，点头称是。

从此，齐威王开言路，纳忠言，齐国日益强盛。

一个人的智慧，并非仅仅来自他人的赞美，更来自对自己的认知和不断地学习。

 **【明心见性】**

看人不能只看表面，而要深入了解其内心。只有具备高度的智慧和洞察力，才能在面对巧言令色之时，保持清醒的头脑，不被迷惑。正如古人所说："真金不怕火炼。"在面对诱惑和考验时，只有坚守正道，才能立于不败之地。

【笑谈今朝】

有一位官员，原本廉洁奉公，却因一位女性的诱惑而迷失了方向，最终走上了犯罪的道路。

这位女性美丽动人，巧舌如簧，深谙如何利用自己的美色和聪慧接近权力。她看准了官员的弱点，软语温存。起初，官员还能抵制住诱惑，坚守底线。然而，随着时间的推移，他无法抗拒她那巧舌如簧的口才和迷人的眼神。开始接受那位女性赠予的礼物，一步步走向深渊。

那位女性并不满足于此，她要的是更多的权力。于是，她开始向官员提出要求，要求他为她谋取利益。官员为了迎合她，不断地滥用职权，变得越来越肆无忌惮。

然而，纸终究包不住火，他们的罪行终究没有逃过法律的制裁。当调查组介入时，官员才意识到自己已经被查处。他悔恨不已，但为时已晚。

这位官员的故事成为一个警示，提醒大家不要迷失自我，走上犯罪的道路。

 **【明心见性】**

漂亮的话语确实让人愉悦，但一个人如果热衷于辞令，势必有所图，或炫耀，或谄媚，或博取噱头，如果不是另有所图，谁会如此劳神费力地取悦于人？知言，可以知人。我们要善于通过表面之言，探究其内心，从而揭开伪善者的面纱。

第六节 君子之隐，静水深流之姿

【原文】

人不知而不愠，不亦君子乎？

——孔子

【译文】

因为别人的不了解或者不知情，而无意间冒犯了自己，我却不愠恼，这不也可以称得上是君子吗？

【趣味历史】

在唐朝的辉煌历史中，狄仁杰以其智慧和公正著称于世。身为朝廷重臣，他时刻牢记儒家思想的教诲，尤其是在处理复杂案件时，以秉公执法的原则来指导自己的言行。

有一次，狄仁杰在处理一起棘手的案件时，遭受了当事人的误解。这位当事人因为对狄仁杰的办案方式不熟悉，加之受到一些谣言的影响，误以为狄仁杰偏袒对方，因此对他进行了激烈的辱骂，并砸毁了审案器具，情绪非常激动。面对这样的冒犯，狄仁杰并没有动怒，更没有因此而报复。他深知，每个人都有自己的立场和观点，而误解往往源于信息的不对称和沟通的不足。

狄仁杰选择了用大度的态度来应对这次事件。他耐心地听取了当事人的诉求，然后用平和的语气解释了自己的办案原则和公正立场。他告诉当事人，自己之所以这样做，是为了维护法律的尊严和每个人的权益。这样的解释和沟通，让当事人逐渐明白了狄仁杰的用意，也对自己的冒犯行为深感惭愧。

最终，在狄仁杰的公正审理下，案件得到了圆满的解决，当事人也对狄仁杰的公正和智慧表示由衷的敬佩。这件事情在民间传开后，狄仁杰的名声更加响亮，赢得了百姓的广泛尊敬和赞誉。

【明心见性】

生活中，我们不可避免地会遇到被他人误解或不理解的情况，这时，很多人可能会暴跳如雷，不能冷静面对。其实有更好的解决方法，那就是原谅。君子隐忍一时，则风平浪静。我们应该以一笑泯恩仇的态度去应对，而不是以牙还牙、以眼还眼。这样的做法不仅能够化解矛盾、增进理解，还能让我们在人际交往中更加平和和无私。

【笑谈今朝】

　　阳光明媚的下午，一位母亲带着儿子坐火车。突然，母亲注意到一名拍照的女生，因为她的拍照角度很像在偷拍，母亲就走过去质问。女生解释她正在拍车厢站牌，但母亲显然不信。她夺走女生的手机检查，发现只拍到了一只男性的手。母亲质问女生："你为什么拍我儿子的手？"女生气愤地回答："你儿子很帅吗？我拍他干什么？"母亲突然暴怒，用水瓶砸向女生，儿子见状，连忙劝架。母亲虽意识到是误会，却碍于面子没有道歉，坚持女生不该拍她儿子的手。实际上，她也无法确认照片里的是谁的手。

　　智能手机普及，随手拍成为多数人的习惯，但过度敏感导致冲突实属不该。这个事件不禁引发反思，公共场所如何保持冷静，避免冲突的发生。

 **【明心见性】**

　　戴尔·卡耐基曾说过："承认自己也许会弄错，就能避免争论，而且，可以使对方跟你一样宽宏大度，承认他也可能有错。"当生活中的误解引发矛盾时，你可能会感到困惑、失落甚至愤怒。此时，你要平复情绪，重新找回内心的平衡和力量。记住，面对误解和矛盾时，保持冷静和理性，相信自己的能力和智慧，你一定能够化解问题。

第七节　成全他人之美，更成就了自己

【原文】

己欲立而立人，己欲达而达人。

——孔子

【译文】

有仁德的人，自己要站得住（指立身），也要让他人站得住；自己想要行得通，也要让他人行得通。

【趣味历史】

管仲是春秋时期的著名政治家，与齐桓公是知心的朋友，他们共同为齐国的繁荣与稳定作出了巨大的贡献。

管仲早年间曾经历过贫困和失败，甚至曾被人囚禁。然而，在齐桓公的帮助下，他最终得以摆脱困境，并成为齐国的重臣。管仲深知自己的成功来之不易，因此他十分珍惜这个机会。

有一次，齐国发生了严重的自然灾害，百姓们饥寒交迫。管仲知道，如果在这个时候加重赋税，百姓们的生活将会雪上加霜。于是，他上奏朝廷，请求减轻赋税，让百姓们能够渡过难关。这一举措受到了百姓们的欢迎。

然而，也有大臣对管仲的决策表示质疑。他们认为，减轻赋税会损害国家的财政收入，对国家的发展不利。面对这些质疑，管仲没有退缩，他坚定地表示，如果连自己的百姓都不能养活，那么这个国家还谈什么富强呢？想要治理好国家，就要让百姓们站得住、行得通。

管仲的这番话，充分体现了他的远见卓识。他不仅关心自己的利益，更关心百姓的利益；他不仅想让自己在齐国立足，更想让整个国家的人民都能够在和谐安定的环境中生活。他的决策和行动，不仅赢得了百姓们的尊敬和爱戴，也为齐国的繁荣稳定奠定了坚实的基础。

【明心见性】

在现代社会中，"自我中心"与"利他主义"的理念看似相互排斥，实则存在内在的互补。遗憾的是，现实中不少人倾向于规避那些造福他人的行为，他们宁愿利用他人成就自身利益，也不愿点亮黑暗中的灯火，照亮自己和别人。他们未能意识到，当所有人都寻求利用他人的光芒，而非自己发光时，最终会导致光的枯竭。想象一下，如果每个人都能像寓言故事里的主角那样，成为自主发光的灯火，那么我们的世界将沐浴在无尽的光明之中。

【笑谈今朝】

陈老板的杂货店与赵老板的服装店相邻，起初关系融洽。但随着赵老板生意兴隆，陈老板心生嫉妒，开始散布其服装店质量差的谣言。赵老板随之也进行了反击，诋毁陈老板店铺的声誉。

两家店铺的争斗愈演愈烈，他们不再像过去那样互相扶持，而是互相拆台。然而，这场争斗并未给任何一方带来好处。随着时间的推移，两家店铺的声誉都受到了严重损害。老顾客因他们的争斗而逐渐流失，新顾客则因听闻他们的劣迹而望而却步。小镇居民对此议论纷纷，对两家店铺的行为表示出强烈的不满和极度的失望。

最终，两家店铺因无法承受巨大的经济压力而倒闭。陈老板和赵老板追悔莫及，他们终于意识到，是自己的争斗亲手葬送了各自的事业。

 **【明心见性】**

你想过吗？在我们生活中，有时候成全别人，也是在成全自己。点亮别人的灯，其实也是照亮自己的路。反过来，吹灭别人的灯，并不会让自己更加光明。

也许你会问："我只是一个普通人，我怎么去点亮别人的灯呢？"其实这并不难，有时候，一个微笑，一句鼓励，一个拥抱，都能给人带来无尽的温暖和力量。

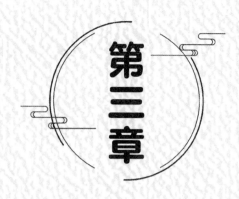

第三章

优雅的处世智慧

——鬼谷子教你洞悉人性

世间万象纷呈，人性幽微难测，蕴藏着无尽秘密。唯有细心洞悉人性的微妙，秉持得体处世之道，方能在人际关系中自如遨游。当我们真正领悟并加以践行，自能展现从容不迫的风度，轻松应对生活中的种种挑战。

第一节 人心隔肚皮，巧言可"钓语"

【原文】

其钓语合事，得人实也。其犹张置网而取兽也，多张其会而司之。道合其事，彼自出之，此钓人之网也。

——鬼谷子

【译文】

启发诱导的话如果符合常理，那么对方便会回答，进而通过回答了解对方的真实情况。这就好像一张捕兽的网，只要在野兽经常出没的地方将网张开，并耐心地观察与等待，就会捕捉到野兽。

【趣味历史】

在宋宁宗统治时期，泰兴县内发生了一件关于丢失金钗的悬案。当地一个显赫家族的两件贵重饰品不翼而飞，主人便于县衙提起诉讼。时任泰兴县令的刘宰经查探，判定失窃之事发生于宅内，并锁定两名侍女为嫌疑人，然而她们均矢口否认。

为了解开谜团，刘宰采取了一种特别的手段。他下令将两名侍女拘禁于县衙内一室，但并未立即审讯。夜幕降临，刘宰手持两根芦苇进入禁闭室，分发给每人一根，并宣布："此芦苇将成为明日审判的依据；若有人偷窃金钗，其芦苇自会长出二寸。"

随着第二日的来临，侍女们被带上法庭。刘宰审视芦苇后，发现其中一根显然短了二寸。他指着持有短芦苇的侍女，严词质问："你如何敢窃走主人的贵重金钗？速速从实招来！"

侍女惊恐万状，双膝跪地，迅速坦白："请大人饶恕，确实是我盗走了金钗。大人您是如何洞察秋毫的呢？"

刘宰淡然回应："我提供的芦苇长度无异，你却短了二寸，不正表明你心怀鬼胎，企图掩饰罪行吗？"侍女这才恍然大悟，意识到自己坠入了县令精心布置的陷阱。

刘宰深知，侍女偷了金钗必心存畏惧。故巧设计策，引其自发暴露罪行，终揭露真相。这就是通过诱导，从多角度、多方面反复探寻，寻觅破绽，即可令对方吐露真言。

 **【明心见性】**

审视他人的举止言辞，是洞察其内心及事实真相的最直接的途径。然而，在对方三缄其口、深藏不露之际，我们须主动出击，运用高明且不着痕迹的策略，悄无声息地布置语言陷阱，让对方自己说出实情。如此我们便能细致观察，洞悉真相。

【笑谈今朝】

赵一诺律师以敏锐的观察力和犀利的口才在业界享有盛名。然而，她最近接手的一起案件却让她感到棘手。这是一个涉嫌商业欺诈的案件，被怀疑对象叫廖子深，他坚称自己是无辜的，但所有证据都指向他，他却始终对关键细节守口如瓶。

赵一诺深知，要揭开真相，必须让廖子深自己说出实情。于是，她精心策划了一场心理战。她利用自己对人性的深刻洞察，以及对廖子深性格的精准把握，设计出了一系列表面上是闲聊，实则暗藏诱导的谈话。她沉稳地引导着对话的节奏和方向，逐步深入案件的核心。

在与廖子深的多次交流中，赵一诺始终保持着冷静的头脑和足够的耐心。她并不急于逼廖子深就范，而是努力营造一种轻松的氛围，使他在不知不觉中放下心理防备。通过巧妙地运用反问、旁敲侧击等言语技巧，她逐渐引导廖子深透露出更多关于案件的线索。

终于，在一次至关重要的谈话中，赵一诺成功地诱使廖子深坦白了一切。原来，他确实卷入了商业欺诈案，但并非出于本意，而是在他人的胁迫和利益诱惑下走上了这条错误的道路。他对自己的行为深感懊悔，然而事已至此，无法挽回。

这起案件的成功解决，再次彰显了赵一诺作为律师的非凡才能，同时也展示了"钓语"艺术的巨大威力——通过精心设计的言语诱导，使对方在不知不觉中透露出关键信息，从而揭示出事情的真相。

 【明心见性】

掌握恰当的策略性技巧，能助力我们高效且顺畅地完成工作任务。尽管有人对策略性手段持有抵触态度，但了解"钓语术"的相关知识依旧很重要。在与人交谈的过程中，我们需要具备分辨真伪和听出弦外之音的能力。同时，判断对方是否使用了"钓语术"也颇为关键，以免造成商业机会的流失或重要信息的泄露。

第二节 真正的高人，常常"向下看"

【原文】

欲高反下，欲取反与。

——鬼谷子

【译文】

如果想要往上走，就要懂得先向下；如果想要获得，就要先付出。

【趣味历史】

曾国藩是清朝末期杰出的政治家、军事家及教育家，其个人修养与家庭管理之卓越，共同铸就了他的非凡成就。尽管出身贫寒，他却胸怀鸿鹄之志。他深谙"九层之台，起于累土"之理，坚信欲成大事，必先从小事着手，脚踏实地，于细微之处锤炼品德，砥砺前行。正是这份对细节的极致追求，锻造了他那令人钦佩的伟大品质。

他提出了教育后代的"八本"，即"读书以训诂为本，诗文以声调为本，事亲以得欢心为本，养生以少恼怒为本，立身以不妄语为本，居家要以不晏起为本，居官以不要钱为本，行军以不扰民为本"。说起这"八本"，就不得不强调曾国藩在家庭教育中的核心理念：以八本为经，以八宝为纬，以四字要诀（勤俭孝友）、三致祥、三不信穿插其中。"八本"如上，八宝即书、蔬、鱼、猪、早、扫、考、宝，三致祥即孝致祥，勤致祥，恕致祥，三不信即不信僧巫，不信地仙，不信医药，四字诀即勤俭孝友（勤劳俭朴持家，孝敬父母长辈，友好兄弟姐妹，团结左右邻居）。

在曾国藩的教育思想中，并未明显体现出作为显赫官宦家族特有的家规烙印。这既与他一贯秉持的低调为人处世原则息息相关，也彰显了其家训与寻常百姓家庭的教育理念有着诸多相通之处。而且仔细研读后会发现，他所着重强调的每一个细节，虽看似微不足道，实则是构筑人生大厦的基石。他教导后代深刻理解"有付出方有收获"的道理，告诫他们即便家族地位尊贵，也不应坐享其成。这一思想正是曾国藩一生行事风格的缩影，即从细微处着手，从低姿态起步，坚信只有付出才能换得回报。这些立足于基础的教育理念，不仅培育了一代又一代杰出的曾氏后裔，也为今人提供了借鉴。

【明心见性】

在追求成功与发展的征途上，更应理解收敛锋芒、秉持谦虚谨慎以及处下方能至上的智慧。譬如攀登峻岭，那些在攀登途中大肆张扬、过度自信之人，往往在半途便耗尽体力，只能眼睁睁看着后来者超越自身。反观那些默默无言、始终保持俯身弯腰姿态、不懈前行，且在攀登时对遭遇困境的同伴施以援手的人，他们最终能够成功登顶，尽享壮丽风光。

过分张扬与自大，实则潜藏着巨大的风险，易使我们陷入自满与轻敌的泥潭。不如以谨慎的态度，脚踏实地，步步为营，逐步抵达成功的彼岸。

【笑谈今朝】

张旭自毕业后，就在某行业深耕，没出几年，凭借着自己的聪明才智，很快取得了一定的工作成绩，获得了上司、同事的赞赏和信任。有了一点儿成绩后，张旭逐渐陷入了盲目自信的旋涡，自认为无所不能，对公司事务的态度也日益轻率。

有一天，小旭的工作成果没有得到上司的认可，他认为自己受到了不公正的待遇，冲动之下向董事长递交了辞呈。董事长虽对他的决定表示理解，但同时也流露出了惋惜之情。

转投新公司后，张旭并未从前面的经历中吸取教训，依然保持着高傲的姿态，忽视了谦逊与付出的重要性，对待同事与上司仍显得傲慢无礼。长此以往，他的行为激起了公司上下的不满，同事不愿与他为伍，上司也开始疏远他。

 ## 【明心见性】

在职场生涯中，职场人士应当时刻保持冷静，持续不断地学习并增强自身能力，以避免陷入职业生涯的"叛逆阶段"。

众多职场人士，特别是那些初入职场2～3年的年轻人，往往怀揣着一股傲气。他们自恃拥有才干与活力，错误地将所在平台的成功或优势视为自己个人能力的直接结果，离职对他们而言变得习以为常。无论是与领导产生分歧，还是工作中遭遇些许挑战，他们都倾向于选择离职作为解决方案，坚信离开当前环境定能找到更优越的工作机会。这种频繁的离职与再就业，使他们错失了宝贵的潜心学习与成长机会。

当岁月流转至30岁，他们才猛然惊觉，自己已错失众多晋升与加薪的良机，而此时已年过而立，机会不多了。他们亟须领悟一个真谛：无论何时，若要达到理想的高度，都需从细微之处着手，从基层岗位做起。毕竟，那些职场佼佼者无不是从底层起步，通过不懈努力，一步步迈向成功的巅峰。很多工作都是先付出后收获，没有坚实的能力作支撑，便无法胜任高位，注定无法在职场道路上走得更远。

付出与收获遵循着"先因后果"的规律，付出是播种，收获则是果实。因此，我们需要静下心来，耐心地沉淀自己。

职场人士更应保持低调，多多倾听他人意见，汲取他人长处，提升自身的业务能力，如此慢慢就能在职场中游刃有余，成就一番事业。

第三节　情绪是"镜子"，观照着内心起伏

【原文】

貌者不美，又不恶，故至情托焉。

——鬼谷子

【译文】

遇到任何事情，既不喜形于色，也不怒目相待，别人会认为这是一个深沉的人，是一个值得信赖的人，更是一个可以托之以机密大事的人。

【趣味历史】

曹操的夫人卞后，历史上被称为卞夫人，是曹操晚年的妻子和其辅佐者之一，是一位善于谋略的女性。

据《三国志》等史书记载，卞夫人是一位聪明的女性，深谙政治。她与曹操成婚后，一直辅佐曹操处理政治事务，为曹操的事业出谋划策。曹操曾感叹："我得卞夫人这样的妻子，真是福气。"

在曹操去世后，卞夫人继续辅佐曹丕，她对曹丕的即位起到了很大的作用。曹丕曾感叹："我有卞夫人这样的母亲，真是福气。"

相传，卞夫人曾经在家中的一次宴会上，听到曹操的属下在议论曹操的功绩，她静静地听着，没有表示赞同或反对。过了一会儿，曹操问她："你听到这些人的议论有什么感想吗？"卞夫人回答说："我没有什么感受，您善于治理，具有高超的智慧，在我心中您是一位优秀的主公，是一位完美的丈夫和领导者。"曹操听后十分赞赏，认为她是一个喜怒不外露，但内心深处有自己想法和见解的人。

还有一次，当曹丕被立为太子后，女官们纷纷前来致贺，对卞夫人说："夫人，您对太子数十年如一日地悉心培养与精心照顾，令下官敬佩。这么多年，您的心愿已达成，终于可以庆贺一下了。您应该把库房里的金银珠宝。全部拿出来赏赐，同时可以大摆宴席，歌舞助兴，庆祝三天三夜。"卞夫人冷静地说："不，曹丕的年纪最长，所以，才被大王立为太子，我应该庆幸我免除了娇惯儿子、教导无方的责备，有什么理由如此高兴且庆祝呢？"卞夫人的回答令女官更加赞叹，这番对话传到曹操那里，曹操说："怒时不形于脸色，喜时不忘记节制，最是难得。"

【明心见性】

智者不会轻易外露自己的情绪，除非特定场合。能力越大，责任越大。反过来，责任越大，对于负责人的要求也越高。一些领导

者手上掌控着大量的资源，并且拥有很大的支配权，能够影响很多团队成员的发展与命运，"聪明"的下属懂得察言观色，时刻关注领导的情绪。而领导者如果情绪轻易外露，或者无法控制自己的喜怒之情，往往会被别有用心的人利用，成为这些人手中的"棋子"，成为他们借力打力的工具。因此，喜怒不形于色是一种高度的自我心理控制，也是心理成熟的一种表现。能够抑制情感冲动，保持清醒的头脑、缜密的思考和明晰的理智，这正是拥有如钢铁般坚强的成熟的政治家应有的表现。

【笑谈今朝】

在一家知名企业中，有两位年轻才俊——小杨与小李。他们的能力难分伯仲，各有所长。小杨性格内敛，深沉稳重，即使面临压力也喜怒不形于色；而小李则情感丰富，情绪变化都写在脸上，他自豪地称这为真性情。随着竞选日的临近，两人都跃跃欲试，准备在这场竞争中一决高下。竞选终于拉开帷幕，小李热情洋溢，他毫无保留地阐述了自己的计划和理念，充满了感染力。这种真性情确实赢得了部分人的青睐，但同样也引起了一些人的不满。相比之下，小杨则显得从容不迫，他凭借条理清晰的论述和理性的分析，赢得了更广泛的支持。当竞选结果公布时，小李遗憾地落选，而他的对手小杨则成功胜出。

小李不能接受这样的结果，他找到董事长，诉说了委屈。董事长语重心长地对他说："小李啊，我认可你的才华和能力，但是，你在情绪管理上还有待加强。虽然你的真性情很吸引人，但作为管理者，学会控制自己的情绪是非常重要的。"这番话让小李如梦初醒，他认识到了自己在职场上的不足，并下定决心在未来的工作中注重情绪管理，以更成熟的态度走好职场之路。

【明心见性】

　　在生活中，我们时常会听到诸如"老板忽视我""朋友对我不够坦诚"以及"遭受不公平对待，甚至遭受偏见"之类的抱怨。有时确实存在他人对我们的误解与偏见。然而，更多时候，我们是否应当自省，是否是因为自身缺乏沉稳与稳重，才导致了这些境况？正如蛇不自知其毒，人亦往往难以察觉自身的过错。换位思考，我们是否会轻易将重任托付给一个显得轻率、不稳重的人？答案不言而喻。

　　在各类场合中，随心所欲地哭或是笑，虽可视为真性情的流露，但从人情世故的角度看，却可能显得"过于天真"。这样的行为容易让人觉得你情绪外露，缺乏稳重，从而容易被他人一眼看透，甚至在情绪上被他人操控。相反，那些喜怒不形于色，遇事冷静沉着的人，在他人眼中往往更值得信赖，更适合承担重任。

第四节　人贵自知，心清目明路自通

【原文】

故知之始己，自知而后知人也。

——鬼谷子

【译文】

想要了解别人要先了解自己，知晓自己才能去了解别人。"知己"是"知彼"的前提。

【趣味历史】

孟子和齐宣王在一次宫廷学术讨论中，针对人要有自知之明的问题展开一段对话，以下是摘录：

孟子：大王，您认为一个人怎样才能成为一位真正的领导者呢？

齐宣王：我认为一个好的领导者应该具备智慧、能力和魅力，还要有坚定的信念和明确的愿景。

孟子：我不同意您的看法，我认为一个好的领导者更需要具备自知之明。

齐宣王：自知之明是什么意思呢？

孟子：自知之明是指一个人能够知道自己的局限性。

齐宣王：我明白了，那么您认为一个人怎样才能做到有自知之明呢？

孟子：我建议一个人要多观察自己，了解自己的内心和外界的反应，同时也要多听取别人的意见，尤其是那些能够提供有益反馈的人。

齐宣王：有些道理。

【明心见性】

心理学家墨菲曾说："我们人人都是自己命运的预言家。"更确切一点儿地说，能够让预言变成真实的，是你自己。

人性的弱点之一是宽以待己，严以待人。对别人的缺点拿着放大镜看，对自己的缺点拿着显微镜看。允许自己犯错误，不会对自己施加过多的压力。对自己期望值过高，没有自知之明，这种心态可能会导致对自己的放纵，对自己失去要求和标准。如果一个人不能够充分地了解自己，那么做起事来就很容易变得"眼高手低"，即志向远大但能力不足，或者成为"语言的巨人，行动的矮子"，即说得天花乱坠却缺乏实行行动。

【笑谈今朝】

　　她年纪轻轻便创业成功，跻身知名企业家之列。事业有成的她身价不菲，不仅购置了豪车，还在市里最好的地段买下了最昂贵的房子，并将两个女儿送进了国际学校。

　　一时间，"女中豪杰""才华横溢"等美好的形容词全部涌向她。周围的人都夸她魅力四射、学识渊博。因此，她的身边开始不断出现有意讨好她的人，对她嘘寒问暖，恭维赞美，让她产生了"姐就是女王"的错觉。

　　每当忙完工作回家后，看见她认为生性愚钝、只满足于一份死工资、不敢有所突破的丈夫，她就不由自主地感到生气，并且觉得丈夫不够上进。

　　她曾多次劝说丈夫辞职，一起经营公司，但都被拒绝，理由是他很喜欢现在这份工作。在这份工作中，他找到了自信，而且他更喜欢守着孩子、老人和他们的小家庭，按部就班地生活。为此，夫妻之间一见面就吵架，裂痕越来越深。争吵的次数多了，感情也逐渐淡化了，索性长期冷战，最后以离婚收场。

　　在离婚后的很长一段时间里，她才发现那些不断示好、夸赞过她的人，不是别有所求，就是为了某种目的而接近她，根本没有半分真心。

　　而她在阿谀奉承中，早已迷失了自己，看不清别人，亦不懂婚姻。她忽略了那个一直默默守在她身边的丈夫，是他为她稳固了家庭的后方，细心照料孩子，尽心赡养老人；也是他在她满身疲惫深夜归来时，为她点亮家中的灯火。

　　**【明心见性】**

　　诚然，人人都爱听溢美之辞，因为美好的词语能够让我们分泌多巴胺，带来一份好心情。但别人的夸赞，听听就好，万万不可身陷其中，沉醉不醒，自觉良好而忽视现实。

世间最可怕的人，既非小人，也非坏人，而是无知之人。无知之人如同失去了航向的帆船，只能漫无目的地在大海上徘徊。人世间最荒谬的事莫过于，别人只是不经意间的一句夸赞，你却天真地将其当作是对你真实自我的肯定。

　　没有自知之明的人容易活成别人眼中的笑话。摆不清自己的位置，更拎不清自己有几斤几两，沉醉于别人的夸赞、鲜花和掌声中，对别人客套的几句赞美洋洋得意，殊不知人生路漫漫，阻碍我们前进的，不是你所谓的坏人，而是愚昧的自己和口蜜腹剑之人。没有人生来就有自知之明，总要狠狠栽几个跟头，才能找到属于自己的路。

第五节 取人之所长，避己之所短

【原文】

智者不用其所短，而用愚人之所长；不用其所拙，而用愚人之所工。

——鬼谷子

【译文】

有智慧的人不用自己的短处，用的是愚笨之人的长处；也不用自己不擅长、笨拙的方面，用的是愚笨之人的擅长之处。

【趣味历史】

据《三国志》记载，在东汉末年的乱世中，刘备、关羽和张飞在桃园结义，他们彼此扶持，取长补短，共同成就了千古美谈。

其实，刘备、关羽和张飞在桃园结义之前，都是社会地位较低的人。刘备虽贵为汉室后裔，但因种种无奈，流落市井，以贩卖草席为生；关羽和张飞则是逃亡在外的草莽之徒，没有任何官职和地位，过着饱一顿饿一顿的生活。

三人结义后，彼此借势，相得益彰。刘备利用自己的地位和影响力，为关羽和张飞争取到了兵源和援助；而关羽和张飞则利用自己的武艺和胆略，为刘备提供了强大的军事支持，并时常贡献战略建议。

三人结义后，共同经历了无数战争和动荡，却始终矢志不渝，为兴复汉室而奋勇拼搏。在并肩奋斗的征途中，他们彼此借势，相互成就，最终立国树勋，而他们的故事，亦被后世广为传颂，成为千古佳话。

 ## 【明心见性】

"三个臭皮匠，顶个诸葛亮。"这句话强调了朋友之间互相补充和促进的重要性。人无完人，再聪明的人也总不可避免地存在缺点，再有能力的人也有其自身短板，同样，再笨拙的人也有优点，能力再差的人也有自己所擅长的方面。

每个人都有自己的长处和短处，通过互相合作和交流，可以得到更好的结果，实现"1＋1＞2"的目标。

做人首先要认清自己，承认自己的不足。不要对自己的不足视而不见，更要知道自己的短板是什么，即便不能立刻改正，也当理性避之。然后"取人之长，补己之短"，利用别人的长处，互相支持和鼓励，共同寻找解决问题的方法。世界上是存在差距的，差距无法立刻消失，但是缩小差距是有可能的。扬长避短，取人之长补己之短，是一个人在竞争中取得胜利的最简单和最直接的办法。

【笑谈今朝】

随着 2023 年考研录取名单陆续公布，某高校的 4 名同寝女生最近在朋友圈引起了轰动，这 4 名女生全部考研上岸，成为校园里名副其实的"学霸四人组"。这样一个"学霸四人组"究竟是如何炼成的？

4 名女生给出了这样的答案——相互打气，相互扶持，然后为了梦想而努力。

回想起这 4 年大学生活的点点滴滴，4 名女生感慨颇深。在 4 年的相处里，她们取人之长，补己之短，只要在寝室，都会有意识地营造一个良好的学习环境，也会用各自的方式给彼此最大的温暖与支持，良好的寝室学习环境与氛围让她们将学习放在了最重要的位置。与此同时，奖学金、荣誉证书、专业证书……各类奖项拿到手软。

共同生活与学习的 4 年里，生病时，她们互相关心照顾。由于大家来自不同的城市，生活习惯难免不统一，她们会尽量为对方考虑，互相迁就；期末复习紧张时，会一起复习到很晚，将重点内容打印出来，贴在寝室显眼的位置，有同学起来得早，为了不影响他人休息，选择在楼道里背单词，甚至还预订秘密自习室一起复习……这些点点滴滴都成为她们大学时最美好的时光。

其中一位同学称，进入大二，大家逐渐确立了考研的目标。有了目标就有了行动，大家会在寝室分享自己的学习经验和学习方法，互帮互助，扎实准备考试。时间紧张，恨不得将一天变成 48 个小时，在和室友相互打气的过程中，她们将学习有计划地推进，把时间合理分配。在老师的指导下，她们根据每个人的长处，结合自己的短处，制订了月计划、周计划、日计划，让每个人的目标在每一天能够有针对性地开展，备考更加有条不紊。

大学 4 年的相处，相互之间的默契与包容让她们时刻处于电量"满格"状态，向着自己的梦想不断迈进。

大家性格各异，互相包容，互相分享，让大学生活多了很多乐趣。

悟　道

【明心见性】

　　取他人之长，补己之短是一种非常积极的人生态度和实用方法，它可以帮助我们更好地学习和成长，提高自己的能力和竞争力。

　　当我们向他人学习时，不仅可以获取新的知识和技能，还可以从他人的经验中获得启发和灵感，从而能够更好地解决问题。同时，通过了解他人的长处，我们也可以更好地发现自己的不足，及时改进自己的方法和行为，避免在竞争中处于劣势。

　　在学习和生活中，我们应该时刻保持开放的心态，积极寻找他人的长处，从中学习和吸取经验，坚信"他山之石，可以攻玉"。同时，我们也应该时刻保持谦虚和自我反思的态度，认识到自己的不足和缺陷，并及时改进和调整自己的行为和方法。

第六节　在相益与相损间，找寻亲疏远近

【原文】

相益则亲，相损则疏，其数行也。此所以察同异之分，其类一也。

——鬼谷子

【译文】

彼此能够带来利益，则可以建立亲密关系；彼此带来伤害，则关系疏远，这都是有定数的事情，也是考察异同的主要原因。凡是这类事情都是一样的道理。

【趣味历史】

战国时代的齐国公子孟尝君以"养士"著名。高峰时期，他门下的食客达到数千人，他对待每一名门客都以礼相待。有此善举，有识之士争先恐后地投奔他，希望能够得到他的培养和指导，以便更好地发挥自己的才能。一时间，孟尝君的府邸门庭若市。

孟尝君不但善待这些门客，对他们和蔼可亲，倾听他们的想法和需求，并且给予他们充分的自由和支持，使他们能够发挥自己的才能。甚至一些无才识之辈也会到孟尝君那里混口饭吃。他们知道孟尝君在政治、经济和文化方面有一定的影响力，所以会利用这个机会来获取更多的利益。

天有不测风云，由于孟尝君的影响力太大，引起了齐国国君的不满。国君起了猜忌之心，一旨令下，罢免了孟尝君的所有职务，将他赶出都城。孟尝君受到了打击，忧郁不已，想到与他交好的门客那里寻求安慰，谁知数千门客，竟无一人前来安慰，反而看到孟尝君失势，为了划清界限，立刻离开了他。

当齐国国君冷静下来以后，发现孟尝君是一名治国之才，精通文韬武略，将其贬为庶人实属错误之举。于是，又下令将孟尝君官复原职。让孟尝君没想到的是，官复原职后，那些曾经背弃他的门客又纷纷回来重新投奔他。

孟尝君恼怒地对一直陪伴他的冯谖说：这些人太可恨了，我要好好羞辱他们一番。冯谖摇摇头，直言相告，事情的发生总有其存在的道理：您失势时他们会离开，您知道为什么会这样吗？因为这是人之常情，富贵时定会有人为了利益追随您，贫贱时自然就会缺少朋友，这是事物固有的道理啊。所谓"穷在闹市无人问，富在深山有远亲"，说的就是这个道理。比如，先生看见过市场赶集的人吗？一大早，人们就会早早地来到集市上，去购买所需要的物品；而到了天黑，即使路过集市，人们也不会停留片刻。这是为什么呢？其实，并非人们对早市有所偏爱，也并非对夜市有所厌恶，只是因为夜市已经没有人们所需要的货物了。这般说来，当您失势的时候，大家为了各自的利益，弃您而去，不是一件很正常的事吗？您不应该过于气愤和耿耿于怀。现在还不是您能放松警惕的时候，一定要顾全大局。有了门客的支持，您的事业才会蒸蒸日上，所以，不要责怪他们，否则那些还在犹豫徘徊的门客会因为您的举动而失去投奔您的信心，对您有害而无益。

孟尝君听了冯谖的话，放下前嫌，对门客一如既往地谦虚和礼貌，也更加友好和尊重。门客们见孟尝君如此大度，十分感动，纷纷建言献策，最终使孟尝君成为一代名相。

 **【明心见性】**

趋利避害是人类最重要的本性之一，这种行为是出于生存和繁衍的需要。人类天生就带有自我保护和追求利益的本能，这种本能使我们能够适应环境并保证我们的生存。

然而，趋利避害的行为也可能会导致人们做出不道德或有损他人的决定。因此，在追求自己的利益时，我们更应深思熟虑，充分考虑到自己的行为对他人和社会可能产生的影响，并尽力避免对他人或社会造成伤害。正如孟尝君的例子，告诉我们要理解在你失势时，别人会离开的情况，并且在失势时要保持乐观和积极的态度。同时，也应该尊重别人的选择，这样，我们才能建立起更加稳定和可靠的人际关系。

【笑谈今朝】

子强和孙景在大学时期就是亲如兄弟的朋友。他们理念相投，无论在哪里，都如影随形。毕业后，他们各自踏入了社会，开启了新的职业旅程。尽管工作繁重，但他们的友情并未因此淡化，反而更加深厚。

然而，命运却对他们开了一个残酷的玩笑。孙景因投资失利，导致经济陷入了巨大的困境。他的公司岌岌可危，个人财富大幅缩水，生活也变得捉襟见肘，举步维艰。在这样的艰难时刻，孙景倍感无奈，于是向身边的朋友们寻求援助。

当子强得知孙景的遭遇后，他心中五味杂陈。他深知，作为多年的挚友，他理应毫不犹豫地伸出援手。然而，现实是残酷的，子强的经济状况并不乐观，他的收入勉强能维持家用。如果援助孙景，势必会对自己的生活造成不小的冲击。

受到趋利避害心理的影响，子强开始犹豫和退缩。他担忧自己的微薄之力难以解决根本问题，反而使孙景产生依赖；同时，他也害怕因此拖累自己的经济状况，最终步入孙景的后尘。

孙景敏感地察觉到了子强的犹豫与退缩，内心充满了失望。他开始质疑，曾经那份坚不可摧的友情，是否已不复往日的纯粹与深厚。

慢慢地，子强和孙景的友谊裂痕越来越深，导致了两人关系的疏远。

 ## 【明心见性】

在人际交往中，趋利避害是人的自然倾向，这既合情也合理。然而，在结交朋友和与人相处时，我们应遵循一条重要原则：以真诚待人，不图小利，学会主动让利。这不仅是一种智慧，更是一种气度。

"吃亏是福"蕴含着深刻的道理。当我们主动让利给他人时，能够营造愉悦的相处氛围，从而吸引更多人与我们建立长期合作关系。这种关系的建立，往往会为我们带来更多的机遇和收益，实现共赢。

　　同时，通过让利，我们还可以提升自己的影响力。当我们慷慨地给予他人好处时，别人会感受到我们的热心与善意，进而更加愿意与我们携手合作，甚至将我们推荐给更多的人。这有助于我们形成更广泛的社交网络，实现合作共赢的局面。

　　在人际关系中，我们应该学会审时度势。当感觉与某人相处融洽，能互相扶持时，应努力维护这份和谐，不因小利而破坏大局；而一旦关系出现裂痕，到了相互损害的地步，则应果断止损，避免受到进一步的伤害。

　　豁达的人懂得在适当的时候主动让利，以维系和谐关系；而冷静的人则知道在关系受损时及时抽身。这是一种明智的果断。在与人交往中，我们既要保持至诚至信的态度，也要学会不被远近亲疏的关系所束缚，保持一份超脱与豁达。

第七节　三思而后行，行动座右铭

【原文】

度之往事，验之来事，参之平素，可则决之。

——鬼谷子

【译文】

以过去的经验来作为某一件事情的参考，并对事情的未来趋势加以判断，判断时还要参考平常发生的事，经过这些过程如果没有发现问题就可以决断了。

【趣味历史】

胡雪岩和左宗棠是清末重要的商人和政治家。一日，左宗棠在断案时，发现了元凶的踪迹，准备马上禀报朝廷，缉拿元凶。胡雪岩知道后，恭敬地说："大人，依下官看，这事急不得，这份奏折叫否缓一缓？"

左宗棠不解地问："为何？元凶已露踪迹，应从快禀告，何敢匿而不报？"

胡雪岩面露急色，说："有时候事情过急则'搬起石头砸自己的脚'。大人啊，您现在正在砸自己的脚啊，这块石头现在搬不得！"

左宗棠更疑惑了，道："此话怎讲？"

胡雪岩顿了顿，说道："大人您想，如果这时您上奏朝廷，捉拿元凶的任务会落在谁的身上？据我推断，必然会成为大人的任务。为朝廷效力是为官之本分，可是，抓到了元凶，皆大欢喜，如果抓不到呢？如果惊动了元凶，大人您想过后果吗？大人家几百口人的身家性命可全在此啊。为今之计，大人可以派出得力干将对元凶进行秘密追查，待抓住元凶后，再回禀朝廷也不迟啊。"

左宗棠惊愕不已，从椅子上站起来，面露凝重地在房间里踱步。的确，胡雪岩的这个忧虑，左宗棠没考虑到，他一心想给对手致命一击后捉拿凶手，却没想到自己也会被牵连进去。他从未怀疑过自己的能力，但是对手也不简单，对方具有极强的作战能力，所以他能不能抓住元凶，谁也打不敢打包票。

经过胡雪岩点拨后，左宗棠恍然大悟，说："你提醒了我，如果元凶从我手中漏网，我就成了朝廷的罪人了。"

左宗棠作为一个聪明人，差点犯这种本不应该犯的错误，无非是因为他破案心切，幸亏有胡雪岩这个旁观者的指点，才避免了犯这种低级错误。智慧的人在做决定之前，总是深思熟虑，反复权衡利弊，不会冲动之下做出错误决定，"三思而后行"是他们取得成功的一个重要因素。

【明心见性】

　　人生道路中，不会只有一条路可走，条条大路通罗马。当走到人生的十字路口时，最终选择哪条道路，都不能轻易做出决定。"一失足成千古恨"，说的就是选择的重要性。

　　做出最终决定，不仅要深思熟虑，还要用发展的眼光看待问题的本质。不仅仅要参考以往的经验，还要估算未来可能出现的结果，并在实际过程中不断完善和修正。即便考虑了所有的因素后，也不能保证所做的决定万无一失。但与鲁莽相比，终归谨慎更容易接近成功。

　　可见，三思而后行和谨慎思考是非常重要的。在做出决策之前，我们应该仔细考虑各种可能性和后果，以避免因冲动和轻率的决定带来的风险和损失。同时，我们也应该保持清醒的头脑，不受外界的影响，按照自己的判断和战略进行行动。

【笑谈今朝】

　　在一条市中心的商业街上，有两家奶茶店，由于产品类别接近，经营风格相似，时间一长，便成了竞争对手，平时多有龃龉。

　　李某善于经营，经常做促销活动，还开展了积分买赠活动，建立了自己的社区营销群，开始进行概念经营，并将奶茶店变成了"网红打卡地"，每天门口长长的排队队伍，深深地刺激了另一家奶茶店的老板张某。张某看到隔壁生意好到爆，十分嫉妒，他并没有反省自己的原因，也没有及时调整营销方案。由于每天怀着嫉恨，也无心打理生意，渐渐地他的店客流量越来越少，最后只好关门倒闭。张某将所有的错误归结在李某身上，认为是李某抢了自己的生意，发誓要让李某付出代价。

　　一天夜里，张某开车行至李某经营的奶茶店。趁无人之际，他用砖头将店面的落地玻璃全部击碎，又用油漆在店面外侧胡写乱画，还觉得不解气，又去李某经营的其他分店连续作案，共计毁坏玻璃 7 块，损毁机器 3 台，经鉴定，所损毁物品价值 2 万余元。李某报案后，警察通过侦查手段找到了张某。在事实面前，张某供认不讳。

 【明心见性】

当我们在对某一件事情做决定时，常会急于求成，以致适得其反。比如一个刚刚拿到驾照的新司机，不实事求是地看待自己的水平，就在马路上炫耀车技，结果因驾驶经验不足，发生了交通事故。

在对任何一件事情做决定前，首先应理智客观地问问自己，为什么做出这个决定？有什么目的？如果做这样的决定会产生什么样的后果？当你静下心来分析时，就能避免很多不必要的损失。

其次，要提高自制力，努力做到处事不惊、不急不躁。不要遇到矛盾就以"兵戎相见"，像个"易燃品"，别人点火你就着。若你是个"急性子"，则更要学会自我控制，遇到令你冲动的事情时，默念三遍"冷静""冷静""冷静"。提醒自己遇事时学会将"热处理"变为"冷处理"，深思熟虑地考虑利弊得失后再做决定。

事不三思终有悔，人能百忍自无忧。在遇到事情时一定要懂得三思而后行，也要懂得百忍为刚的道理。值得注意的是，三思而行并不是做事犹豫不决，前怕狼后怕虎，畏畏缩缩，而是考虑更加周全，以避免一些不必要的麻烦！

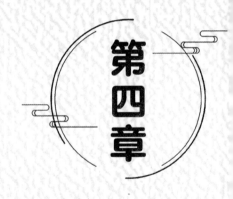

第四章

顺其自然花自开

——和庄子养自然之身

每一朵花，都默默等待它的时节，不急不躁，只为那一刻的绚烂。我们也该如此，不急于一时的成就，不忧虑明天的未知。只跟着自己的节奏，慢慢来。总有一天，自己也会像那朵花儿一样，在合适的时刻，美丽绽放。

第一节　君子之交心悠悠，志同道合情相投

【原文】

君子之交淡若水，小人之交甘若醴。

——庄子

【译文】

君子之间的交往平淡如水，不掺杂私心杂念；小人之交表面看起来像甜酒一样甘浓，却是建立在利益之上的。

【趣味历史】

薛仁贵是山西绛州人，原本出身于小官家庭，家里有两亩良田。在闲暇之余，他喜欢练习武术。不幸的是，他的父亲很早就去世了，家庭的重担落在了他的肩上。

为了撑起这个家，薛仁贵以种田为生，每天辛勤劳作。后来，他有了两个孩子，生活变得更加困难。在丰收年景还好些，至少能维持生计；如果年景不好，庄稼歉收，就只能依靠朋友的帮助了。幸运的是，他的儿时好友王茂生一直无私地援助他，与他分享口粮，帮助他渡过了一次次的难关。

一个机遇降临到了薛仁贵的头上。唐朝初年，国家还不稳定，唐太宗想要收复辽东，准备御驾亲征。张士贵在绛州征兵，薛仁贵因为体格健壮、精神饱满而应征入伍。但他的内心有些犹豫。这时，他的妻子柳氏看出了他的心事，鼓励他抓住这个机会。她说："你一直有志向，武艺也高，现在皇帝要亲征辽东，正需要你这样的勇将。这是一个成名立业的好机会，你一定能在沙场上威震四方！"

好友王茂生也支持他去战场，并承诺会帮他照顾家人。在妻子和朋友的支持下，薛仁贵最终决定参军。张士贵看中了他的才华，立即录用他，并让他成为自己的亲信。

随后，大军向辽东前线挺进，与高句丽军队在安地展开了激战。唐太宗亲临前线观战。当战斗进入白热化阶段时，唐将刘君邛被高句丽军队围攻，情况十分危急。就在这关键时刻，薛仁贵大喝一声，策马挥戟冲入敌阵，迅速斩杀了高句丽的大将。高句丽军队见状四散而逃，刘君邛得以解围。

唐太宗目睹了这场战斗后大为惊喜，急忙询问身边的人这个英勇的将士是谁。当得知是薛仁贵后，他感到非常欣慰。战斗结束后，唐太宗立即召见了他，对他的勇猛表示赞赏，并赏赐了财物，授予他游击将军的职位。

　　成名后的薛仁贵受到了当地官员和士兵的祝贺，但他却拒绝接受任何礼物，只接受宴会的邀请。就在大家准备入席时，下属报告说有一个叫王茂生的人送来了两坛酒。薛仁贵听说后立刻请他进来并收下了酒，但当下属打开酒坛时却发现里面装的是清水。

　　对于王茂生送来的清水，薛仁贵非但没有生气，反而命令下属拿来大碗倒满并当众喝下了三碗。他告诉大家："在我最困难的时候，王茂生一家人帮助了我，让我有了今天的成就。这清水代表了他对我的一片心意，就像君子之间的交情一样，淡若水，却弥足珍贵。"

【明心见性】

　　在人际交往中，我们常听到一句话：以心换心，将心比心。这意味着，在处理人际关系时，我们应该站在对方的角度思考问题，用真诚的心去感知和对待他人。真正的友谊，不是建立在物质交换和功利的目的之上，而是源于内心的相互理解和无条件的支持。在这样的关系中，人们的帮助和关怀是自然而然、不图回报的，正如"君子之交淡若水"，纯粹而长久。

【笑谈今朝】

　　赵某某与李某，自小关系密切。毕业后，两人进入同一家铜矿工作。随着时间的推移，李某成为领导，赵某某则"下海"经商，但两人的友情依旧。一次，一项工程土建施工项目即将启动，赵某某恳求李某帮忙承揽，并承诺给予10万元"辛苦费"。本来关系纯粹的两个人在掺杂利益交往后，就有了一丝变味。

　　此后，赵某某又通过李某的关系，承揽了一些工程，不断送给李某"感谢费"。渐渐地，李某觉得自己是一个国有企业的副总还在领"死工资"，而别人，特别是以赵某为代表的商人朋友们都比自己过得好，李某的心态开始发生变化。于是，昔日的好朋友赵某某变成了他

敛财的"合作伙伴"。

2023 年，赵某某得知某电站修建的消息，遂找到李某，承诺利润平分。李某利用职权，协助赵某某中标，从中获利 350 万元。然而，两人的金钱往来引起他人的注意，最终二人被举报，双方都因此受到法律的制裁。

李某将君子之交淡若水的朋友关系变成了利益关系，自甘被"围猎"，在违法犯罪的道路上越走越远、越陷越深。

 【明心见性】

在现实生活当中，我们都有这样的体会：某些朋友平日里可能交流不多，甚至电话都很少，仿佛没有这个朋友似的。然而，在你需要帮助的时候，他们总会适时地出现，如同雨后彩虹，给你带来温暖与支持。相反，有些朋友平时频繁聚会，表现得和你非常亲近，一旦你遇到困难，需要他们的帮助时，他们却会突然消失得无影无踪。这样的人，我们称之为"酒肉朋友"。

真正的好朋友之间，应该是纯净无瑕的，像一杯清水，不含有任何杂质和利益成分。这样的友情才能经受住时间的考验，不会因为外在因素的变化而改变。我们每个人都应该珍惜这样的友情，用心去呵护和维护，让它在我们的生活中绽放出最真实、最美好的光彩。

第二节　看透不如看淡，心安则路顺

> 妈妈到底该怎么努力，才能使你成才呢？

> 汝游心于淡，合气于漠……

【原文】

汝游心于淡，合气于漠，顺物自然而无容私焉，而天下治矣。

——庄子

【译文】

要能够保持一种恬淡无执的心境，没有私心杂念，顺应事物的自然发展且没有半点个人偏私，那么天下就能得到很好的治理。

【趣味历史】

吕蒙正是北宋一位杰出的宰相，他三度执掌相印，封许国公，官至太子太师。他宽容厚道，坚守正道，勇于直言，面对朝政不公，他坚定地表达自己的不同意见，得到皇帝的赞许。然而，在个人问题上，他总是选择退让。

温仲舒是吕蒙正的同科进士，两人情同手足。温仲舒因事被弹劾，逐出朝廷。吕蒙正担任宰相后，多次在太宗面前推荐温仲舒，使他得以重返朝廷，担任要职。然而，温仲舒对吕蒙正却傲慢无比。每当吕蒙正因直言惹怒皇帝时，温仲舒不仅不为他辩护，反而借机攻击吕蒙正，以提升自己。对于温仲舒的行为，吕蒙正始终保持沉默，仍然经常在太宗面前称赞温仲舒的才能。太宗以为他不知道温仲舒的行为，提醒他："你总是说他好，可他却把你批得一无是处。"吕蒙正却笑着说："陛下让我担任宰相，是希望我能知人善任，发挥人才的作用。别人的评价，并非我权力所能干预。"

升任宰相不久，吕蒙正罢免了涉嫌贪赃枉法的河南蔡州知州张绅。张绅的同党纷纷喊冤，指责吕蒙正借此发泄私愤。早年，吕蒙正生活困苦，曾向张绅求助，却被张绅羞辱了一番。

宋太宗听闻此传言后，也误以为张绅家境殷实，不会贪赃枉法，便恢复了张绅的职位，这一举动实际上是对吕蒙正工作的一种否定。然而，吕蒙正却从未为自己辩解，仿佛此事从未发生过一般。

后来，张绅的罪证被呈上，太宗意识到自己误会了吕蒙正，问他："你一向敢于直言，为何自己被冤枉却保持沉默？"吕蒙正回答："我之所以犯颜直谏，是为了民生福祉，不能不讲；而我个人遭受误解，终有真相大白的一天，何须辩解？"

【明心见性】

生活中充满了各种意想不到的起伏和变化，这是无法避免的。有时候我们会经历升职加薪的喜悦，有时候也会遭遇被人误解的委屈；

有时候我们会感到身体康健、精力充沛，有时候也会突然感到萎靡不振。然而，无论遇到什么情况，我们都应该保持恬适的心境，随遇而安。

当遇到人生的高光时刻时，我们不应该沾沾自喜，因为这只是自己默默耕耘、脚踏实地换来的回报。我们应该保持低调谦和，继续努力前行。

当遇到低谷时，我们也不应该轻易放弃自己。应该明白这只是命运带来的考验。人生终会否极泰来，只要我们不放弃，不气馁，跨过去，前方就会是一片新天地。

【谈笑今朝】

夏安，一个美丽聪明的女孩，自小是家人的焦点。母亲期望她成为童模明星，因此，为她安排了密集的训练。每天早上六点钟，夏安就要从被窝里爬起来，进行三小时的模特训练。她被迫学会如何在镜头前展现自己，如何摆出各种优雅的姿势。然而，这对于一个孩子来说，实在太过沉重。

夏安的童年缺失了欢笑和游戏，只有无休止的训练和母亲的期待。

母亲甚至让夏安放弃学业，全心投入模特事业。但在一次重要比赛中，夏安因压力过大导致失误，未能获胜，母亲失望至极。夏安随后开始抗拒模特生活，变得孤僻，甚至有轻生的想法。直到此时，母亲才意识到自己的错误。

欲速则不达，万物自有其生长规律。急功近利的母亲忽视了夏安的成长规律，造成了悲剧。夏安失去了快乐的童年，成为母亲错误选择的牺牲品。这警示我们，不应过度强求，应让其自然成长。

【明心见性】

　　顺应自然生长，是一种智慧的生活态度。在快节奏、高压力的现代社会中，人们往往渴望快速成功，却忽视了自然生长的节奏。万物皆有其时，急于求成反而可能适得其反。我们不应揠苗助长，而是给予足够的时间和空间，让事物按照自身的节奏逐渐成长。在事业发展中，我们也应该注重长期的积累和稳步的推进，而不是急功近利。顺应自然生长，是一种从容、淡定的生活哲学，能够让我们在纷繁复杂的世界中保持一颗平常心，享受生活的美好。

第三节　主次分明，避免努力成徒劳

【原文】

以隋侯之珠弹千仞之雀。

——庄子

【译文】

用一颗夜明珠去打飞在千仞之上的鸟儿。做事不知道衡量轻重缓急，因小失大，得不偿失。

【趣味历史】

有一个书生，他的父亲受伤了。书生非常关心父亲的伤势，于是他决定去请郎中。

但当书生到了郎中的家时，他却没有直接说出自己来做什么，而是先把郎中恭维了一番。他说："郎中大人，您的医术真是令人惊叹。我听说您医术精湛，今天特来拜访您，想请教您一些问题。"

郎中听到这些话，心想："这么有眼力的人，来找我肯定有事。但我得先看看他的诚意。"

郎中于是问他："请问来这里有什么事情吗？你可以说出来，看我能不能帮助你。"

书生依然没有直接回答郎中的问题，而是又说："其实我来这里是想请教您一些医术上的问题。如果您能解答的话，那就太好了，如果您无法回答，我也能理解，但我求学之心、求学之意天地可鉴。"

郎中听了，觉得这个书生真是莫名其妙。特意前来，却又不说是什么事情，于是他有些不耐烦地说："好吧，我会尽力回答你的问题。但是，现在我正赶着去给人看病，没时间详细回答你的问题。"

书生听了，有些失落，回答说："好吧，您慢行。"书生没有请到郎中，只好回到家中。父亲见只有他一人，却不见郎中的踪迹，就问他："郎中在哪里？怎么只有你回来了？"书生回答："父亲大人，我见到了郎中，他的医术非常高明，我敬仰他的学识，想向他请教几个问题。但是由于他的时间紧迫，要去给其他病人看病，所以我就先回来了。但是，父亲，请您放心，我还会找时间去拜访郎中的，因为这是一名有医德的好郎中，我相信，他一定会治好您的病。"父亲这时已经疼得说不出话来了，见书生没请到郎中，还在和自己说这么文绉绉的话，气得直接把拐杖扔向了书生。书生去请郎中，结果却没把这件事做好。他不知道凡事要分轻重缓急，该做的要去做，不该做的不能做。

【明心见性】

在日常生活中，我们常常会面临许多琐碎的事情，这些事情可能重要，也可能不重要。但是，许多人，做事情没有计划，不善于统筹，看起来很忙，其实都是"无效"忙碌，只能自己感动自己。做事情懂得计划，分清楚轻重缓急，才不会忙得团团转，却没有半点收获。

【笑谈今朝】

欧阳是一家企业的中层领导，以自身为榜样带动团队，业务能力显著。员工桉亦虽业务一般，但人缘好，欧阳决定培养他。一天，欧阳接到电话，电话中上级领导说有一项重要的工作需要一份材料，希望欧阳在下午上班时将这份资料递交上去。欧阳感到很苦恼，因为他正在外考察，无分身之术。这时，欧阳想到了正在办公室值班的桉亦，先由他起草大纲，自己回去再丰富内容也是可行的。于是，欧阳将工作任务交代给桉亦，电话中，桉亦向欧阳保证顺利完成任务。

欧阳将手头工作完成后，没有吃午饭，直接回到办公室，想看看桉亦的汇报材料进展如何。可是走到门口时，发现门是关着的，欧阳敲了敲门，没有人回应，欧阳打电话给桉亦，问他在哪里，他说正在吃饭。

此时，欧阳问他："你的汇报材料写好了吗？"桉亦说："还没有。"欧阳生气地说："你不知道写汇报材料与吃饭，哪个更紧急吗？"

【明心见性】

在现代职场中，我们常常会面临许多事情需要同时处理的情况。有些人会不分主次地处理事情，眉毛胡子一把抓，最终导致自己筋疲力尽，也难以高效地完成工作。而有些人则能够分清主次，按照

轻重缓急的原则来处理事情，不慌不忙地把事情安排得井井有条。

懂得区分轻重缓急是职场人做好工作的原则。对于重要且紧急的事情，应该优先处理，尽快解决。对于重要而不紧急的事情，应该考虑周全，再决定是否处理。对于不重要但紧急的事情，可以适当推迟处理。对于不重要也不紧急的事情，我们可以先放下，不浪费时间和精力。

在实际工作中，也可以通过一些技巧来更好地处理事情。比如，我们可以每次集中精力工作25分钟，然后休息5分钟，再重复这个过程，直到完成任务。这种方法可以帮助我们保持专注，减少疲劳。只有我们用正确的方法和技巧去处理事情，才能在工作中取得更好的成果。

第四节　得失之间，彰显高低境界

【原文】

　　知足者，不以利自累也；审自得者，失之而不惧；行修于内者，无位而不怍。

——庄子

【译文】

　　知道满足的人不会被名与利所累；自得其乐的人，不会计较得失，不会害怕失去。内心道德修养高的人，没有官位也不会悲伤。

悟　道

【趣味历史】

古人云："患得患失，挂于利边，所以忧大于乐。"这句话提醒我们不要过分计较得失，不要被名利所牵绊，应该学会顺其自然，同时自得其乐。

元代有一位官员，他一生清贫。一次，家中需要买 1 石米，他都拿不出银子来，妻子不解地问他，每个月的俸禄去哪里了。别人做官都是绫罗绸缎、山珍海味，你做官为何如此穷困？这位官员无法面对妻子的盘问，只好出去借了 3 两银子给了妻子。官员的俸禄并不低，每个月也按时发放，为何他却如此清贫？原来，他都将银子用于购买各类书籍了。他饱读诗书，爱吟诗作对，虽然清贫，但当他沉浸在知识的世界里，他就觉得生活充满了乐趣。还有一次，上级官员来视察时，官员想穿得隆重一些，以显示对上级官员的尊重，但是妻子翻遍了家中所有的衣柜，竟然找不到一件合身的衣服，最后只好穿着刚打上补丁的衣服去面见领导。在这样的情况下，他仍然乐观开朗，自得其乐。他认为一生中最重要的并不是名利，而是做一个有道德、有品德的人，为社会作出贡献，造福一方百姓。所以，他不会因为得不到升迁而沮丧，也不会因为得到权势而欣喜不已。他认为一个人的快乐不应该被名利所左右，而应该从内心发掘真正的快乐。

古人告诉我们，过分追逐名利只会带来忧虑和苦恼，而得失心不重，自得其乐则会带来内心的平静和快乐。我们应该学会放下对得失的计较，不要被名利所牵绊，做一个有理想、有追求的人，同时寻找自己内心的快乐。只有这样，我们才能获得真正的幸福。

 【明心见性】

很多时候，人们内心的痛苦和闷闷不乐源自自身的执念和过于计较。生活中的琐事和压力，如果过分关注，很容易让人陷入无尽的困扰和焦虑中。在这种状态下，人们往往难以看清生活的美好，

也难以感受到幸福。

　　不计较得失，带着一颗容易满足的心面对人生中的种种挑战和困难，是一种积极的生活态度。这种态度能够帮助我们更好地享受生活、感受幸福，也能让我们在人生的道路上走得更远、更稳健。

【谈笑今朝】

　　莎莎曾梦想拥有一套自己的房子，当她终于实现这个愿望时，心中充满了难以言表的喜悦。可是，随着时间的流转，她发现那份初始的满足和幸福似乎在悄然流逝。家中的装修在她眼中不再显得精致，户型也显得愈发狭小。每当听到朋友们炫耀新购的豪车时，她心中便涌起一股不甘，于是她也贷款购买了一辆。然而，新车的到来并未带来持久的满足感。当周围的人开始讨论更大的房子、更豪华的生活时，她心中的失落感愈发强烈，总觉得自己与他人的差距在不断扩大。在这个过程中，莎莎逐渐迷失了自我，忘记了初心，陷入了一种无休止的攀比中。但生活的真谛并不在于物质的堆砌，而是在于内心的满足与平静。知足者不会因外界的诱惑而迷失方向，更不会因一时的得失而自乱阵脚。他们深知，真正的幸福并非来自外界的评价和比较，而是源于内心的平和与满足。

【明心见性】

　　生活中，我们常常被物质的诱惑所吸引，追求更多的财富、更高的地位，却往往忽视了内心的平静与满足。然而，真正的幸福并非源于外在的堆砌，而是来自内心的充实与宁静。知足是一种智慧，它让我们在纷繁复杂的世界中保持清醒，不被物欲所累，不被外界的评价所左右。只有当我们学会知足，才能真正品味生活的美好，享受每一个当下的瞬间。

第五节　三观定基调，彼此赋能共成长

【原文】

> 泉涸，鱼相与处于陆，相呴以湿，相濡以沫，不如相忘于江湖。
>
> ——庄子

【译文】

泉水干涸了，鱼儿被困在陆地上，只能用唾液相互依偎生存，与其如此，不如不相识，彼此在广阔的天地中各自独立、自由生活。

【趣味历史】

北宋时期，苏东坡和章惇两位才华横溢的年轻人，因互相欣赏对方的才华而成了好朋友。可是，命运却跟他们开了个玩笑。科举考试中，苏东坡考上了，章惇却没能如愿。虽然他们约定三年后重逢，但三年的分离，让两人的想法开始有所不同。

章惇家境一般，觉得自己起步晚，所以他特别努力地去结交各种朋友，想要打拼出一条路。而苏东坡呢，他很有才华，但他那种自由自在的性格，也因此让他在仕途上显得有些水土不服。

后来，他们一起去玩，看到一座独木桥架在两座山之间，下面是很深的山谷。苏东坡觉得太危险，不想去。但章惇却觉得没什么，坚持要过去。这件事让苏东坡开始怀疑，章惇为了达到目的，是不是连命都可以不要？

再后来，他们都去了京城做官。当时皇帝和王安石要改革，很多人因此改变了命运。章惇站在了改革的一边，而苏东坡却被看成是反对改革的人。就这样，两个好朋友因为政治观点不同，慢慢变成了敌人。最后，他们之间的联系也越来越少。

【明心见性】

世界那么大，没有另一个他，这恰恰证明了每个人都是独一无二的。因此，我们应该允许有不同的声音存在，接纳别人与我们之间的差异。如果我们能在人生的道路上得一二知己，就是幸运的事。如果没有，也没有什么，尊重不同的声音，一个人独行也能体会生活的美好。

在志趣和目标上存在差异和分歧也是正常的，强求一模一样是没有必要的。如果两个人因为理念与目标不同出现了争端，解决争端的一个方式是把争端双方分开，让他们各自专注于自己的事情，不要互相干扰。通过冷静思考和妥善处理，找到一种和平的解决方案，能更好地实现各自的目标和梦想。

【笑谈今朝】

敏敏和春意是好朋友，她们有着共同的商业梦想，两人一起合作经商，希望能携手创富。然而，随着时间的推移，敏敏和春意开始有了不同的想法。敏敏想让公司的经营方向更加多元化，走创新发展的路子，而春意则更倾向于传统的经营方式。这两种不同的想法有着巨大的差别，导致她们之间产生了矛盾。

随着时间的推移，她们发现彼此间的分歧日益显著。特别是在一次重要的会议上，敏敏在未与春意提前商量的情况下，突然提议出售公司，以便去追求各自的梦想。这一提议让春意感到十分不满，她认为敏敏此举不仅违背了她们之间的合作原则，也损害了她们之间的友谊。

会议过后，春意觉得两人之间的友谊已经出现了无法弥补的裂痕。最终，两人因无法达成共识，决定分道扬镳，各自去追寻自己的梦想。

【明心见性】

在困难时互相帮助当然是好事，但长期如此也可能不利于个人成长。有时候，我们与其勉强在一起，还不如各自去更大的世界里闯一闯，说不定能找到更好的机会和生活。放手让朋友去追寻他们自己的梦想，也是一种支持。真正的友情不是天天守在一起，而是心里装着彼此，默默祝福和陪伴。

第六节　顺应自然，心随云卷云舒

【原文】

> 天地有大美而不言，四时有明法而不议，万物有成理而不说。
>
> ——庄子

【译文】

天地有最大的美，但人们无法用言语表达；一年四季有明确的规律，但人们从不议论；万物的存在和变化都遵循现成的规律，只是人们还没有发现而已。

【趣味历史】

顺应大自然的规律是陶渊明隐居生活中的一个重要哲学思想。这种思想在他的田园诗中得到了充分的体现。

陶渊明认为，人应该与大自然保持一种亲密而和谐的关系。他通过亲自耕种、观察自然景色，与大自然融为一体，体验生活的美好。这种生活方式使他能够远离尘世的纷扰，享受内心的宁静和满足。

陶渊明在人际交往中也践行了他一贯的思想。他更倾向于那些志同道合的朋友，自然而然地建立深厚的情谊，无需过多言语，不勉强，不刻意追求世俗的名利与地位。他深信，真正的友情无需过多矫饰，应如自然般流淌。

此外，陶渊明在创作中注重从自然中汲取灵感，以自然景物为创作对象，通过描绘自然的美妙和神秘来表达内心的情感。他的诗作充满了对自然的赞美和对生活的热爱，展现了一个真实而自然的艺术世界。

【明心见性】

不纠结已失去的，应成为现代人的生活理念。在快节奏的现代社会中，人们常常为了追求各种目标和成就而奔波劳碌，却忘了自己出发时的目标是什么。其实，我们应放慢脚步，放下执念，让花成花，树成树，自己成为自己。

【谈笑今朝】

李琴，一位健身狂热者，组建了二十多人的健身操和搏击团队，每晚在工人俱乐部进行两小时的高强度训练。训练时，她脚下的地毯常被汗水浸湿，有时训练过量导致身体不适，但她却乐此不疲。李琴坚信大量训练是获胜的关键，因而不断挑战身体极限。

李琴的活力吸引了许多人，她还将训练搬到半山公园，人数之多很快在城市中引起轰动。然而，就在李琴运动事业的巅峰时期，她却因长时间进行高强度的训练，导致手臂受伤。由于未能及时接受治疗，伤势逐渐恶化，最终连基本抬臂的动作都变得异常艰难，健身操也因此被迫中断。随后，她的膝盖也开始变得疼痛难忍，甚至无法站立。她的健康似乎是被自己一步步地摧毁的。李琴在病床上辗转反侧，心中充满了悔恨。

在追求胜利的道路上，我们要谨记"过犹不及"的道理，要爱惜自己的身体，要懂得适可而止。只有这样，我们才能在人生的道路上走得更远，走得更久。

 【明心见性】

强扭的瓜不甜，强求的事不顺。人生得意须尽欢，该放手时就放手，不属于自己的，就让它随风去吧。

有时候，人们为了追逐那个表面看似光鲜的目标，不惜付出任何代价，全然不顾可能由此引发的种种后果。其实，与其逆流而上，不如顺应自然的节奏，或许更能找到真正属于自己的那份宁静与满足。

第七节　无言花自香，淡定人从容

【原文】

人莫鉴于流水而鉴于止水。唯止能止众止。

——庄子

【译文】

正在流动的水，是无法照出任何相貌的；但是静止的水，却像一面镜子，能够虚心坦诚地接受一切事物。

【趣味历史】

范仲淹，一位北宋时期的著名政治家、文学家。他不仅是一位卓越的改革家，更是一位拥有从容平和、平静心态的杰出人物。

范仲淹出生于一个普通家庭，却自幼便展现出非凡的聪明才智。他凭借着不懈的刻苦学习和卓越才华，随着时间的推移，他走上了仕途，最终成为一名深受爱戴的官员。他并没有因此而骄傲自满，相反，他始终保持一颗平静的心态，不骄不躁。然而，他的政治生涯并非一帆风顺，多次被贬谪，但他接受了这一切，从未大吵大闹或者一蹶不振。他在被贬之地依然恪尽职守，为当地百姓营造了良好的政治环境。他的卓越才华和廉洁正直的品格，赢得了世人的敬重。这种超凡脱俗、世人难以企及的态度，让他在困境中，依然能够像磐石一般坚守自己的信仰和理想。

范仲淹还是一位极具文学天赋的人。他的诗词和散文作品，以清新淡雅、婉转流畅的风格著称。其《岳阳楼记》更是被后人传诵，成为经典名篇。在写作的过程中，范仲淹将自然景观与个人心境融为一体，使得文章意境高远，气度不凡。

范仲淹积极面对人生起伏、坚持理想和信仰、始终坚守自己原则的生活态度，不仅在当时的社会产生了深远的影响，也为后人提供了宝贵的借鉴。

 **【明心见性】**

经历得越多，越能明白人生遇到困难、磕磕绊绊是常态。倘若遇到大事小事都一味地情绪化处理，那无疑是对宝贵生命的一种极大消耗。学会让情绪放空，帮心灵减压，纵使生活有再多烦扰和波澜，内心也应有从容不迫的定力。情绪平稳了，生活也就顺了。学会放下的人，更有可能专注于自己真正喜欢的事情，活得自在和快乐。他们不会被功利所束缚，而是享受每一个瞬间，自由地追求自己的梦想和目标。

【笑谈今朝】

　　骏驰是一名年轻的艺术家，他的作品广受人们喜爱。但也有一些人对他的创作风格和艺术理念表示质疑。慢慢地，这些质疑逐渐演变成了诋毁和攻击。有人批评他的作品缺乏深度，有人认为他只是在迎合市场需求，甚至有人对他的艺术才华和创作动机表示怀疑。面对这些诋毁和误解，骏驰并未表现出愤怒或急于辩解。他深知每个人都有自己的审美观点，因此用包容和理解的态度去接纳不同的声音。他并未因质疑而停止创作，反而更加努力地投身于艺术。他坚守自己的艺术理念，不断探索和尝试新的创作手法，期望通过作品传递出更丰富的情感和价值。骏驰的作品逐渐赢得了更多人的赞赏。那些曾经诋毁和误解他的人开始重新审视自己的立场，并认识到他的艺术才华和独特之处。骏驰坚信，唯有以平和的心态面对世界，才能真正理解和接纳不同的声音和观点。正是这种心态，不仅使他在艺术领域取得了更大的成就，也让他在人际交往中赢得了更多的尊重和信任。

【明心见性】

　　心态决定一切。让我们努力修炼自己的心态，成为一个平和从容的人，用微笑和阳光去迎接每一个美好的明天。让风轻云淡，心态淡定成为我们前行的法宝。与自己和解，与他人和解，拥抱生活，享受生活。

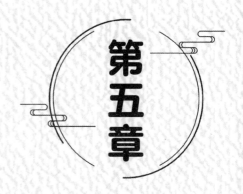

第五章

诡道行舟过千山

——领略孙子兵法之妙

兵者，诡道也。这是古代战场上流传下来的智慧，也是生活决策中的灵感源泉。它让我们在复杂的情境下，学会隐藏真实意图，灵活变通，以智取胜。在日常选择中融入诡道思维，这样的决策方式既巧妙高效，又让生活充满了美感与乐趣。

第一节　准备够充分，成功才有望

【原文】

以虞待不虞者胜。

——孙子

【译文】

以有准备来对付没有准备的事，就能获胜。

【趣味历史】

秦国名将王翦以深谋远虑和精准备战而著称。每当他接到军令，总是会提前进行周密的准备工作。王翦深知"兵马未动，粮草先行"的道理，因此每次出征前，他都会精心筹备，从兵员的选拔到粮食的补给，无不细致入微。他会亲自检阅部队，确保每一个士兵都是精锐之兵，每一个将领都是勇猛之士。他会派出斥候，深入敌后探听敌情，以便制定出最合适的战术。他会命令工兵，利用地形，构筑坚固的防御工事，使得敌人无法轻易进攻。他还会安排补给线，确保粮食和物资能及时送达战场。他的每一步棋都仿佛精心布下的天罗地网，只待敌人自投罗网。

秦王政十一年（公元前236年），王翦奉命领兵讨伐赵国。王翦做了详尽的准备，还对士兵进行了精简：放俸禄不满百石的校尉回家，再从留下的人中考察士兵的能力，最终只留下了20%的精英。

此外，他事先命人探知了赵国的虚实，得知赵国军队虽众，但指挥不灵，士气低落。于是，他采取了"诱敌深入，分割围歼"的战术，先是以少量兵力吸引赵国大军，然后利用地形优势，将赵军分割成几部分，逐个击破。战斗中，王翦身先士卒，指挥若定，秦国军队如同猛虎下山，锐不可当。而赵国军队在秦军的强大攻势下，毫无还手之力，最终惨败。因为做了充足的准备，王翦率军连续拿下赵国的九座城池，轰动各国。

王翦的精心准备，不仅在战术上有所体现，更在心理上压垮了敌人。他知道"攻心为上"，因此会通过各种手段，如宣传战功，瓦解敌军士气，或者制造谣言，扰乱敌军民心。在战斗中，他善于利用敌人心理上的弱点，适时发起攻击，使得敌人未战先怯。

正因为王翦的精心准备，秦国在他的带领下，取得了一次又一次的胜利，最终统一了六国，建立了中国历史上第一个多民族、中央集权的封建国家。而王翦也因其出色的军事才能和精准备战的策略，成为古代军事史上的一位传奇人物。

悟　道

【明心见性】

纵观古今中外，凡成大事者，不但有雄才大略，更有勃勃野心。然智者深知，条件未备，万不可轻举妄动。唯有静待时机，方能水到渠成，实现雄心壮志。

故而，凡事万不能轻易行动，要遵循事物的发展规律。准备多做一分，风险自然就少一分，而缺乏准备的行动，会让一切陷入混乱，最终导致失败的结局。

古罗马学者塞涅卡说过这样一句话："要想利用稍纵即逝的机会，不仅要做好物质上的准备，更重要的是做好精神上的准备。"由此可见，准备对于成功是非常重要的。

【笑谈今朝】

孙阿姨是一名退休职工，正准备颐养天年的时候，一位多年的姐妹来找孙阿姨，并对她说："年轻人压力大，作为父母也该替他们分担一下啊，你说是不是？"孙阿姨点点头，问老姐妹："你有适合的工作？"老姐妹说："今天就是要和你分享这个。"孙阿姨急切地说："什么？"老姐妹说："炒股。"孙阿姨说："啊？我没有炒过，也不了解啊。"老姐妹说："我以前也不会啊，但是我学习后掌握技巧了，现在也是炒股顾问了，咱们多年的姐妹，我能骗你吗？"孙阿姨赶紧说："我不懂股票，但是既然能赚钱，我跟着你干。"于是，在没有做任何准备的情况下，她跟着姐妹投入到"股海"中。前期孙阿姨还很谨慎，投入得不多，也赚了一些。后来，她将40万存款全部放进股市，仅仅操作了一个多月，就亏损得只剩下9万了。得知这一情况后，孙阿姨心脏病复发，被家人送进了医院。

【明心见性】

　　我们在做任何一件事情之前，都应该做好充分的准备，不盲目跟风。若急于求成，往往顾此失彼，浪费时间和精力。人生在世，成功很难，每一件成功的事，都需要经过周密的准备和细致的计划，才能够更加坚定、细致地完成。所谓"成功是留给有准备的人"，大抵就是如此吧。

第二节　巧施妙计，让对手措手不及

【原文】

攻其无备，出其不意。此兵家之胜，不可先传也。

——孙子

【译文】

在敌人没有任何防备和准备的时候，发起进攻采取行动。这是兵家胜利的秘诀，不能预先讲明。

【趣味历史】

长勺之战，乃是齐国与鲁国之间展开的一场风起云涌、惊心动魄的决战。战初，鲁军看似节节失利，败局仿佛已成定数。然而，在紧要关头，鲁军巧施妙计，出其不意地攻击了齐军毫无防备之处，从而实现了惊天逆转。

那是一个秋高气爽的日子，在长勺战场上，鲁国军队与齐国军队展开了殊死搏斗。齐军如猛虎下山，攻势凶猛，而鲁军则显得处境艰难，仿佛绵羊面临猛虎的威胁。鲁军将领焦急万分，犹如热锅上的蚂蚁，急切寻求破局之策。齐国为了扩大战果，调整阵形后发起了首次冲锋，意图一举击溃鲁军。然而，鲁军却采取了严密的守势，他们并未出城迎战，而是通过射箭来抵御齐军的猛烈进攻。齐军连续两次冲锋均未能突破鲁军的防线，更未能与鲁军进行近战交锋。因此，在第三次冲锋时，齐军士兵普遍认为鲁军已无意主动出击，只是在进行最后的顽抗。

然而，出乎意料的是，鲁军却采取了截然不同的战术。他们巧妙地利用了地形优势，以"攻其无备、出其不意"的策略，让齐军措手不及。特别是鲁庄公亲自上阵擂鼓助威，极大地鼓舞了士气，使得鲁军的反击来得迅猛而突然，齐军因此阵脚大乱。

最终，看似弱小的鲁军取得了战争的胜利。这场胜利展示了鲁军独特的智谋，也为后来的鲁齐和谈奠定了坚实的基础。

既然要给对方一个措手不及，就要抓住时机，把握时机。时机把握不好，可能会错失良机。所以，在战略制定过程中，我们需要尽量"攻其无备"，让对手感到猝不及防。这需要在制定计划时，尽量避开对手的锋芒，乘其不备地发起攻击。每一场战役赢得漂亮的地方都是有迹可循的，都有其独特的优势。战争是打出来的，也是设计出来的。历史上成功的战例都是军事家们运筹帷幄谋划的结果。只有运用好战术，才能在终极对决中取胜。

悟 道

 【明心见性】

通过深入了解对手，我们可以找到对方的盲点。无论是在古代还是现代，任何环境中都存在竞争。想要在竞争中脱颖而出，我们必须多动脑筋，善于发现他人的弱点，抓住对方的软肋，并恰到好处地予以拿捏，步步为营，增加胜算，这正是取得胜利的良方。

【笑谈今朝】

在一家高档酒店会议室，"百人财富分享会"正热烈进行。台上，成功人士分享奋斗史，故事精彩动人。其中，一位残疾老者的故事尤为引人关注。他因残疾而自卑，早年辍学，求职路上屡屡碰壁，甚至几度想要轻生。然而，母亲的眼泪成为了他重拾信心、重新振作的强大动力。一次偶然的机会，他加入了一个致力于致富的团队，并通过不懈的努力，最终成了财富大亨。他心怀感恩，希望能够帮助更多人实现财富自由。台下听众被他的故事深深感动，纷纷起身鼓掌。

分享会话题广泛，涉及经济、创业、成功秘诀，与会者深受启发。这时，这位财富大亨拿出他要推广的韩国化妆品，这些化妆品的原料来自巴黎，售价高达5999元，并声称发展下线还能获得返利。正当大家踊跃购买时，民警闯入，继而控制了现场。原来他涉嫌一起传销案，财富大亨的形象是包装出来的，诱人购买产品发展下线。警方调查后决定今天收网。台上的财富大亨震惊不已，他没想到自己已经暴露了行踪，更没想到民警的抓捕速度如此之快，令自己措手不及，根本来不及逃跑，等待他的将是法律的严惩。

 【明心见性】

专挑对手或对方想不到的时间和方式，打他一个措手不及。对他们实施突然性的打击，让他们在慌乱中失去防御能力，我们就能出奇制胜，取得胜利。

第三节 "剧本"错综复杂，真相只有一个

【原文】

辞卑而益备者，进也；辞强而进驱者，退也；轻车先出居其侧者，陈也；无约而请和者，谋也；奔走而陈兵车者，期也；半进半退者，诱也。

——孙子

【译文】

敌方使者虽然言辞谦卑，但是实际上在加紧战备时，是要向我进攻；敌方使者语气虽然强硬，但是军队又向我进逼时，是准备撤

退；敌方战车出动并布列阵势，这是准备作战；敌方突然来请求议和，一定是阴谋；敌军半进半退，是伪装混乱场面来引诱我。将领们行军打仗要心明眼亮，不被敌人迷惑。

【趣味历史】

在唐朝安史之乱的硝烟中，将领张巡面对令狐潮的围困，他巧妙地运用了障眼法，以弱胜强，展现了非凡的心理战术。

被困于雍丘城的张巡，在兵力悬殊的劣势下，巧妙地命令士兵制作了一千多个草人，并披上黑衣，于夜间从城墙上掷下。这一举动迷惑了令狐潮的士兵，他们误以为张巡的守军在尝试突围，于是纷纷放箭，结果张巡不费一兵一卒地获得了大量的箭矢。

紧接着，张巡再次在夜间将真人从城墙上掷下。这一次，令狐潮的士兵以为又是草人借箭的把戏，因此没有丝毫戒备。然而，这次张巡掷下的却是五百名勇敢的士兵，他们突然冲向令狐潮的军营，给予敌人措手不及的打击，使得敌军溃不成军。这一战例，被后世称为"草人借箭"，成为心理战史上的佳话。

张巡以其卓越的智谋，在敌强我弱的困境中，巧妙地利用了敌人的惯性思维，通过心理战术取得了胜利，展现了他高超的指挥艺术和战术运用能力。

 **【明心见性】**

人心隔肚皮，难以揣测。与人打交道时，有人凭借着出色的"演技"，总能迷惑你的双眼，干扰你的判断，你需要擦亮慧眼，眼明心亮，不要听对方说什么，而要观察对方的动作、眼神，揣度他的心思，知道哪些是你应该交的朋友，哪些是你应该远离的人群。

【笑谈今朝】

　　子明热衷于网络交友，结识了美女网友琳琳，被其清新脱俗的文风吸引，子明遂向她表白。琳琳透露自己因家庭原因被抛弃，并且没有户口和身份证。听到这些，子明很同情她。不久，琳琳请求子明帮她弄一个身份证以找工作，子明将偶然捡到的身份证给琳琳使用。琳琳惊喜不已，两人感情更进一步。可是，琳琳找到工作后不久，却卷走了那家公司半个月的营业款，然后逃走了。警察找到子明，告诉他琳琳是惯犯，编造身世博取同情，现已被警方抓获。子明得知真相后，既愤怒又懊悔，他感觉自己不仅被琳琳愚弄了，而且自己的情感也受到了深深的伤害。

 **【明心见性】**

　　你所看到的现象，都是别人想让你看到的。许多事情都不会像表面所表现的那么简单，真实的一幕往往隐藏在角落中。一些人容易被表面的假象所蒙蔽，变成了"耳聋眼花"的人，但还有一些人心思透彻，可以准确地把握住事物的本质。生活没有"美颜"，不要活在带有"滤镜"的世界中。

第四节　进攻是最好的防守，勇往直前开新局

【原文】

　　故善战者，立于不败之地，而不失敌之败也。

——孙子

【译文】

　　善于作战的人总能使自己立于不败之地，而不放过进攻敌人的机会。

【趣味历史】

在汉朝的辉煌历史上，汉武帝的雄才大略被世人称颂。他凭借铁血意志，谱写了一曲抵御外敌入侵的壮丽凯歌，其中对匈奴的反击战是最为人称道的部分。

尽管匈奴在汉武帝时期屡遭汉朝打击，但他们依然贼心不死，时常企图侵扰汉朝边疆。面对这一局势，汉武帝深知"养兵千日，用兵一时"的道理，决定对匈奴进行有力的反击。于是，一场精心筹划的反击战在悄然间铺展开来。

汉武帝首先重用英勇善战的将领如卫青、霍去病等，打造出一支无坚不摧的军队。他深知军队的后勤保障至关重要，因此特别注重对军队的粮食和物资供应。同时，他采纳谋臣的建议，运用"分化瓦解"的策略，联络匈奴内部的贵族，鼓励他们反叛，从而有效地削弱了匈奴的内部团结。此外，他还采用和亲政策，为汉朝的内政整顿、经济恢复、生产发展以及实力增强奠定了坚实基础。

在汉武帝的明智领导下，汉朝军队的战斗力得到了显著提升。卫青、霍去病等将领率领的军队，多次勇猛地深入匈奴领地，给予敌人沉重的打击。他们巧妙地运用"围魏救赵"的策略，诱敌深入后发动突袭，使匈奴军队应接不暇。经过一系列激烈的战斗，汉朝军队取得了显著的战果，极大地削弱了匈奴的势力。

汉武帝还格外注重情报的收集工作。他派遣大量细作深入匈奴内部，搜集敌人的动态情报，以便更好地把握战机。曾有一次，汉朝的细作探得匈奴军队计划袭击某座重要城池的消息。汉武帝闻讯后，迅速命令卫青率领军队前往救援。卫青机智地采用"声东击西"的策略，成功迷惑了敌军，最终重创匈奴军队，使其元气大伤。

为了进一步加强骑兵建设，汉武帝以内地的农业生产为基础，大力养殖良马，并扩建骑兵队伍。他选拔了许多精通骑射的官僚子弟担任宫廷侍卫，并重点培养他们。同时，还聘请了大批擅长骑射的匈奴人担任教官，全力打造一支强大的骑兵队伍。

在做好万全的准备之后，汉武帝指挥下的汉朝军队行动迅捷且变化多端，让匈奴军队束手无策。经过数年的激烈战斗，汉朝终于赢得了对匈奴的反击战的胜利。这次胜利不仅为汉朝边疆带来了长久的安宁，也显著提升了汉朝的声望和地位。

【明心见性】

在这个瞬息万变的世界里，善于寻找机会的人总能让自己立于不败之地。他们就像草原上的猎豹，敏锐地捕捉着每一个猎物的踪迹，伺机而动。他们善于寻找，善于等待，善于进攻。他们就像战场上的变色龙，能根据形势的变化，调整自己的策略。他们坚信，只要心中有光，就能照亮前行的道路。

【笑谈今朝】

小李曾是互联网公司的骨干，业务能力强，为人正直，受同事尊敬。但随着事业上升，他变得自满，疏于学习。互联网行业发展迅速，小李的业务能力逐渐被超越，同事升职，他却停滞不前。

但小李并没有察觉到即将到来的危机，依然沉浸在过去的成就中洋洋得意。直到在一次重要的项目中，因为他对新技术一无所知，导致了项目的失利。最终，小李被公司解雇了。

离开公司的那天，小李认识到应该持续学习，他决定重新开始，但错过的机遇难以挽回。这个故事警示我们，在竞争激烈的社会中，一时的成功不代表永远，只有不断进步，才能避免被淘汰的命运。

【明心见性】

在这个瞬息万变的时代，竞争无处不在，没有硝烟的战争时刻在上演。有些人脚踏实地，一步一个脚印，终于在这个社会立足；而有些人，却因为种种原因，错失机会，最终被对手乘虚而入，输得一败涂地。

第五节　清醒看待世界，冷静洞察真相

【原文】

兵者，诡道也。故能而示之不能，用而示之不用，近而示之远，远而示之近。

——孙子

【译文】

打仗，是一种战术，也可认为军事斗争就是诡诈之术。有能力开战却装作没有能力，要进攻却装作不进攻，进攻近处则装作进攻远处，进攻远处时却装作进攻近处。

【趣味历史】

武松是中国古代四大名著之一《水浒传》中的重要人物。他以英勇无畏、富有正义感和坚韧不拔的精神赢得了广大读者的喜爱。孙二娘是《水浒传》中为数不多的女性形象，绰号"母夜叉"。孙二娘和武松之间的争斗是由孙二娘在十字坡酒家杀害过往客人的行为所引起的。

这天，武松来到十字坡孙二娘的酒家后，孙二娘格外热情，极尽寒暄，并将店中最好的吃食都拿出来招待武松。武松心生疑窦，隐约感觉孙二娘绵里藏针，颇有醉翁之意不在酒之意，所以心里有所提防。当孙二娘端上肉和馒头给武松时，武松故意两次三番地用言语试探孙二娘，以便打乱她的阵脚。果然，孙二娘在武松的试探之下，自乱阵脚，把下了蒙汗药的酒烫好端来给武松喝，武松借口要她再切些肉来下酒，趁机将酒泼在了角落里，自己却装作被药酒麻翻倒地。随后，武松暗中运功，孙二娘的伙计使出了吃奶的力气也抬不动他。孙二娘见状，急忙出手，想要将他拖走。正要动手之时，武松突然一个鲤鱼打挺，起来与孙二娘相对而立，孙二娘挥剑发动了攻击，并且不断施展剑招，武松则不断闪避，似乎随时都有被孙二娘击中的危险。但武松总能化危为安，使用灵活的招式，化解孙二娘的攻击，同时迅速反击。

渐渐地，由于体力不支，孙二娘无心恋战，武松趁机一招制服了孙二娘。武松之所以没有中孙二娘的计，反而轻松制服她，关键在于他感觉到异常行为时早早就做好了提防，从而保护了自己。否则，纵使武松有打虎的力气，一旦喝下蒙汗药，也无回天之力。

【明心见性】

从小我们就被告诫，要做个好人，做个善良的人，长大后我们发现，世界上还有一种人叫坏人。因此，防范与真诚并不矛盾。对于一些伪善的人，我们一定要做好辨别工作，因为伪善是他们进攻的"武器"，切记不要让他们的"武器"伤害到你，要提高警惕，以免陷入他们的圈套之中。

【笑谈今朝】

小新在北京打工时，接到郭清的电话，郭清邀请他去境外工作，月薪5万，工作轻松、环境好。郭清是小新的好友，两人关系密切。郭清的话让小新心动，尽管他有些犹豫，但考虑到郭清一向真诚，他还是决定前往。

到达境外后，小新发现环境险恶，守卫荷枪实弹，自己被关在电诈园区。郭清是电诈园区的组长，专门诱骗熟人。三个月后，因为业绩差，小新被赶出园区，历尽艰辛回国后自首。

小新奉劝大家，千万不要听信他人高薪诚聘的邀请，防人之心不可无，遇到这种情况，多想想为什么，为什么他不介绍给自己的家人？另外，即使去境外工作，也不要违反法律法规，凡事要多长几个心眼，谨防被他人欺骗。

 **【明心见性】**

"林子大了，什么鸟都有。"年轻人在步入社会时，都会听到这样一句戏谑的俗语，感叹人性的复杂。特别是在面对利益的时候，有些人会无所不用其极地想尽办法占据对自己有利的一面，在复杂的交往中，我们可以保证自己不对别人放"明枪"，却无法决定别人会不会对你放"暗箭"。你要聪明一点儿，灵活一点儿，多观察，不要相信别人的花言巧语。人们总是在"美语良言"和"糖衣炮弹"的"贿赂"下，不知不觉间失去抵抗"暗箭"的能力，从而任人摆布。很多时候，糖衣炮弹之下掩藏的是一颗陷害你的心，防人之心不可无。

第六节　温情善待：化敌为友的艺术

【原文】

卒善而养之，是谓胜敌而益强。

——孙子

【译文】

善待俘虏，他们自然会有归顺之心，这是让自己强大的同时战胜敌人的最好方法。

【趣味历史】

在北宋时期，有一位备受尊敬的宰相，名叫吕端。他以清廉正直、仁爱无私的品格闻名于世。在吕端的政治生涯中，有一则事迹特别引人注目，那便是他如何以仁慈之心对待一位叛将的母亲。

当时，北宋正面临来自北方辽国的军事威胁。辽军频频侵扰宋朝边境，企图侵占更多领土。在这样的大背景下，宋太宗任命吕端为宰相，期望他能稳定政局，抵御辽国的侵略。

然而，就在吕端上任不久，辽国大将耶律休哥率领精兵南下，意图一举拿下宋朝都城汴京。宋军在与辽军的对抗中屡屡失利，形势一度十分危急。

在这个关键时刻，一名叫李继迁的将领因对宋军待遇不满，同时又畏惧辽军的强大，选择了背叛宋朝，投效耶律休哥。然而，李继迁年迈的母亲因身体原因无法随行，只能留在汴京。

吕端在得知这一情况后，表现出了极大的同情心和政治智慧。他认为，尽管李继迁背叛了国家，但作为儿子，他必定牵挂留在城中的老母。于是，吕端决定亲自探访李母，以此展现宋朝的宽宏与仁爱。

当吕端来到李母家中时，他看到一位满头白发的老妇人在门前焦虑地等待。在得知来人是当朝宰相后，李母激动得泪流满面，她感激地说："宰相大人，您如此仁爱，真是难得的好官。我儿子虽然犯了错，但您还来看望我，我真是无以为报。"

吕端温言安慰她，并表示他相信李继迁只是一时糊涂，只要给予关爱和引导，他一定会迷途知返。为了保障李母的生活，吕端还特意派人送来了粮食和布帛等生活必需品，并嘱咐下属要时常照顾李母。

值得一提的是，李继迁去世后，他的儿子因为感激宋朝当初对其祖母的善待，最终选择归顺宋朝。这一举动在很大程度上减轻了宋朝西北边境的战乱压力，为两国之间的和平共处奠定了基础。吕端的仁慈和智慧不仅赢得了民心，也为国家的稳定立下了汗马功劳。

【明心见性】

我们都希望身边的朋友越来越多，敌人越来越少。其实，朋友和敌人之间并没有绝对的界限，今日是朋友，也许明日就会因为某种原因成为敌人。相反，今日的敌人，也许会被你的人格魅力吸引，成为你的朋友。做人要懂得圆滑通达，不要把敌人当成过街老鼠，随时喊打。有时候，善待你的敌人，会促使他们成为你的伙伴。

【笑谈今朝】

一天早晨，老赵突发脑溢血去世的消息迅速在退休群中传开。大家对老赵的去世表示惋惜，因为前一晚，老赵和老王在群里因为小问题引发了争吵，后来又演变成谩骂，最后在群友的劝解下，双方才逐渐停止骂战，谁知第二天就听到这样的消息，大家忍不住回忆起老赵和老王之间长达几十年的恩怨是非。老赵和老王性格迥异，背景不同，长期针锋相对。老赵是农村出身，靠努力成为采购员；老王是中专学历，逐步成为厂领导。老王常炫耀自己的学历，老赵则讽刺他是"书呆子"。

两人矛盾激化，老王在老赵犯错误后到处宣传并处罚他，老赵则散布关于老王的谣言。老王的声誉受损，发誓要报复，阻挠老赵晋升。二人恩怨延续至退休。老赵的家属认为，是老王激怒了老赵，使得他的情绪激动，这是导致其突发疾病的主要原因，因此，老赵去世后，老赵的家属将老王告上了法庭。

【明心见性】

怨恨是人类情感中一种强烈的负面情绪，它有时会在人与人之间引发冲突和破坏力。对于你的敌人，你会产生怒火，当你被这把火燃烧的时候，善念、理智、情感等全部会被烧毁。而真正的聪明人，都会选择原谅敌人。王尔德说过："要原谅你的敌人，没有什么比这更让他们抓狂的了。"

第七节　做事留一线，日后才能好相见

【原文】

> 归师勿遏，围师必阙，穷寇勿追。
>
> ——孙子

【译文】

当敌人退归时，不可完全阻断其归路；包围敌人时，要留个口子；对穷途末路的敌人不要赶尽杀绝，留条活路。

【趣味历史】

诸葛亮字孔明，号卧龙。他的一生充满了传奇色彩，而他留下的最大传奇，莫过于"七擒孟获"。

孟获是南蛮的一位勇猛首领，曾令蜀军疲于应对。诸葛亮深谙心理战术，他知道，要真正征服孟获，不能仅仅依靠武力。

于是，他采取了"七擒七放"的策略。每一次擒获孟获，都不是为了消灭他，而是为了教育和感化他。诸葛亮用他的智慧和宽容，让孟获逐渐认识到蜀汉的仁义之举。

在最后一次擒获孟获后，诸葛亮对他说："吾非不爱汝，然吾有国事在身，不得已而用兵。汝若诚心归降，吾当重任汝。"孟获深受感动，自此真心归降。

诸葛亮的行为，正是"做事留有一线，日后好相见"的明智之举。他不仅赢得了孟获的忠诚，更赢得了南蛮百姓的心。这一招可谓是一石二鸟，既巩固了蜀汉的统治，又减轻了战争带来的伤害。

而后的历史也证明了诸葛亮的智慧。孟获在南蛮地区成了诸葛亮的得力助手，协助蜀汉管理南蛮事务，使南蛮地区和平稳定，百姓安居乐业。

真正的智慧，不仅仅在于战胜敌人，更在于能够以豁达的心态，去感化敌人，使之成为朋友。这样的智慧，才是真正的"仁者无敌"。

【明心见性】

"凡事皆有度，过则反，人尽厌之。"有的人在处理矛盾时，为了给对手致命一击，往往会选择冷酷无情、赶尽杀绝的方式，认为这样能立威，不会给自己带来隐患。实际上，这样做反而容易引起他人的极力反抗，从而带来更大的麻烦。因此，智慧的老祖宗得出了"手下留情"这一箴言。上等人帮人，中等人挤人，下等人踩人。不要总是揪住别人的把柄不放，总想踩压他人，否则需警惕，以免某日自己也落入被他人踩压的境地。

【笑谈今朝】

小庞，一个品学兼优的农村孩子，因家境贫寒面临辍学。辍学后他选择去工地打工，凭借勤奋和智慧，他赢得了师傅们的喜爱，并从他们那里学到了许多知识。几年后，他接管了施工队，将其发展成为知名企业，他也晋升为总经理。然而，一次严重失误导致企业亏损严重，连工人的工资都发不出来了。面对天天上门讨债的员工和供应商，小庞感到束手无策。在走投无路的情况下，他选择通过向民间借贷公司贷款来解燃眉之急。虽然利息高昂，但问题暂时得到了解决。眼看还款日期迫在眉睫，面对沉重的债务压力，小庞努力与讨债人沟通，请求宽限几天。但讨债人却采取极端手段对他进行威胁和恐吓，甚至扎破他的汽车轮胎，每天带人到公司进行骚扰和暴力讨债。在酒精的刺激下，小庞与讨债人发生冲突，用水果刀将其刺伤。冷静下来后，他选择了自首，这个曾有着光明前途的年轻人，如今给家人带来了无尽的痛苦。

　**【明心见性】**

道路狭窄时，让别人先走一步，换来的会是对方诚挚的谢意。人与人之间的相处要把握分寸，切勿将他人逼至绝境，使其无路可走，否则他或许会选择鱼死网破，导致双方两败俱伤，这样的结果既损人也不利己。常言道：退一步海阔天空，宽容与理解方能共创和谐。

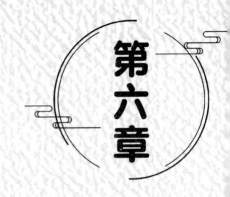

第六章

创富梦想启航录

——学习范蠡的经商谋略

创富梦想，如同航海图上的新大陆，引人向往又充满未知。掌握在变化中捕捉机遇的能力，以及运用谋略乘风破浪的智慧，才是启航时必备的航海图。唯有如此，才能在创富之旅中稳健前行，抵达财富的彼岸。

第一节 勤勉不懈，商人的"出圈"秘诀

【原文】

生意要勤快，切勿懒惰，懒惰则百事废。

——范蠡

【译文】

经商的人，在做生意时一定要勤快，不要懒惰。如果懒惰，则任何事都无法做成。

【趣味历史】

在古代，商人做生意讲究勤快，起早贪黑是家常便饭。他们知道，只有勤奋努力，才能在竞争激烈的市场中立足。

在古代商人看来，懒惰是一种致命的缺陷。它不仅会浪费时间，还会让商人失去机会。因此，他们把戒懒戒惰视为必须，尤其是在创业初期。

春秋时期的商人吕不韦就是一个很好的例子。他并非出身于富裕之家，却因为勤奋努力而成为当时最富有的商人之一。

吕不韦原本只是一个普通的商人，但他并没有满足于现状。他一直在寻找商业机会，不断努力拓展自己的生意。他不仅经营着自己的生意，还经常关注整个市场的动态，为自己的商业活动做出更好的决策。

吕不韦的勤奋和智慧使他很快在商界崭露头角。他经营的各种商品都获得了巨大的成功，很快就成为当时最富有的商人之一。他的成功也成为当时商人的榜样。

他经常亲自去市场，了解顾客的需求和商品的质量。他还会根据市场的需求和变化，不断更新自己的商品种类和销售策略。这种勤奋使他能够更好地服务顾客，赢得他们的信任和支持。

吕不韦的商业成功也反映在他的商业道德上。他遵守商业规则，不欺骗顾客，不抬高物价。他的努力和诚信使他成为当时商界最受欢迎的人之一。

勤勉是一种非常重要的素质，无论是在古代商业社会还是现代商业社会，都能帮助一个人取得成功。

 【明心见性】

"勤奋是成功之母。"这句简单而深刻的话被人们广泛传诵。无论是古代还是现代，勤奋都是一个人取得成就和成功的重要因素。在商业领域，勤奋更是成功的基石。

从古至今，凡成大事业者无不把"勤"字作为自己的准则之一。"一生之计在于勤"则是他们奋斗一生的思想结晶。在中国的商业史上，许多商业大家和奇才都把勤奋发挥到极致，纵观他们的商业理念和经营思想，我们不难发现，其中无不彰显了勤奋这一核心要素的重要性。

这些商业大家认为，勤奋是成功的关键，只有通过勤奋才能创造真正的价值。他们不仅自己严格遵守"以勤为本"的原则，还鼓励家人和员工勤奋努力，甚至将其作为家风家训世代相传。

在现代商业社会中，商人们同样把勤奋视为成功的关键。商业的成功需要付出大量的努力和汗水，只有勤奋才能在学习、探索和竞争中取得优势。微软公司的创始人比尔·盖茨曾经说过："成功的秘诀就是不懈地工作。"他认为，只有不断努力工作，才能真正取得成功。

勤奋不仅是在商业领域中取得成功的重要因素，也是在生活中成为成功人士的重要因素。勤奋可以帮助我们实现自己的目标，勇于面对挑战和困难，成为一个对社会有贡献的人。

【笑谈今朝】

赵琦生于贫困家庭，学习勤奋，成绩优异。高考时，他以优异的成绩考入了理想的大学，四年时光他都遨游在知识的海洋里，也给自己定下了一个目标——创业。毕业后，他先进入一家国企工作，积累经验，后辞职创业。他与朋友成立公司，从事房地产和贸易。开始的时候，公司遇到了很多困难，因为他们的经验和实力不足。但是，赵琦并没有放弃，他更加努力地工作，为了拉到一笔业务，他屡次奔波于各大写字楼之间，期间数次被保安拒之门外，甚至被轰了出去。然而他并未气馁，而是站在写字楼门口静静地等待客户。在创业初期，赵琦没有睡过一次懒觉，连吃饭的时候都在想怎么拓展业务，甚至有一次发烧了，他仍坚持着来到公司继续与客户交谈。他坚信：勤劳是立身之本，只要勤劳努力，总会有客户抛来橄榄枝。

功夫不负有心人，他终于等到了第一位客户。他满怀热情地向客户详细介绍产品，耐心细致地解答客户的每一个疑问。最终，客户决定购买他的产品。虽然过程辛苦，但最终得到了客户的认可和赞许。这也让他更加有信心，继续努力拓展业务。

在赵琦的努力下，他所创办的企业成功上市，并迅速成长为一家知名企业，为消费者提供高品质的产品。赵琦也成了业内学习的榜样，激励着更多的人去追求自己的梦想。

【明心见性】

　　任何一位商界大佬的成功都不是一蹴而就的，即使他的原生家庭财力雄厚，他的成功也离不开自身的勤劳、踏实和努力。我们要始终坚信，只有努力才会有回报，只有不断付出才能创造更大的成功。只有坚持不懈，才能创造更加辉煌的人生。

第二节　奸商图小利，富商谋共赢

共享空间

共享空间欢迎大家前来用餐！

于己有利而于人亦有利者，大商也。

【原文】

　　于己有利而于人无利者，小商也；于己有利而于人亦有利者，大商也；损人之利以利己之利者，奸商也。

——范蠡

【译文】

　　对自己有利而对他人无利的生意，是小商人所为；对自己有利对他人也有利的生意，是大商人所为；损人不利己的生意，是奸商的行为。

【趣味历史】

在华夏大地上，马匹扮演着非常重要的角色。它们不仅可用于运输和通信，还是不可或缺的军需物资。可以说，马匹是一个集物流、信息和攻防于一身的"宝藏级存在"。穆白在魏国时，发现当地马匹优良，是当时市场上主要的贸易货物。而赵国一带良马稀缺，穆白捕捉到了商机，决定购马匹运到赵国出售。

可是，当时是一个战乱的年代，来往的商道上盗匪猖獗，见财就抢、见物就夺，令往返的商人们苦恼不已，再加上路途遥远，自行运送的花费也难以估算。

穆白想与赵国的商人联手做这笔生意。经调查发现，赵国有位势力庞大的商人屈禹里，经常贩卖布匹至赵国地区。而沿途之地，屈禹里都已经用钱打点妥当，确保货物能够安全运达目的地。

但怎样才能达到与其合作的目的？穆白想了一个妙招，他命人写了一张告示张贴于城内：本人有马队一支，为庆祝开业大吉，可提供三个月免费运货。

果真如穆白所料，告示一出，屈禹里就主动找上门来，说前来庆贺开业之喜，并想使用三个月的马匹。穆白应允了。

三个月后，合作到期，屈禹里归还马匹后，忍不住好奇地问穆白："大家都在免费使用马匹，那你靠什么养活马队？"穆白这才笑着说出实情，自己利用中间赚取差价的方式赢得利润。每次在北方购买良马补充到马队中，到南方后卖掉一部分，循环往复，利润自然就来了。

屈禹里听后不禁对穆白竖起了大拇指，连声称佩服。

【明心见性】

一个人要有合作才能共赢的理念，舍得先让利，让对方得到实惠，自然会为自己带来更大的利益。所以，商人要有一种"利他思维"，利他思维是一种关注他人、尊重他人、为他人着想的思维方式。我们常常听到"只盯着自己的一亩三分地，注定赚不了大钱"这句话。这其实表达了一个人如果只顾自己的利益，不愿意与他人分享与合作，不愿意让他人来分一杯羹，将自己的利益看得特别重，那么最终可能会失去更多。所以，经商之人需要有"舍己为人"的精神。愿意舍弃一些自己的利益，为对方着想，与周围的人合作，最终你放弃的利益会以另外一种方式回到你的身边。

【笑谈今朝】

李明的"共享空间"餐厅因其优越的地理位置和高质量的服务而广受欢迎。

然而，他并没有只关注自己的利益，也在考虑如何对周围的人有所贡献。他主动与附近的办公场所合作，提供优惠的午餐和晚餐服务；还与周边的商铺合作，将部分营业收入用于支持当地社区的项目。李明经营的餐厅成功带动了与之相关的其他行业的发展，为多家供应商提供了更多的机会。也帮助了周边人群的就业，成了一家"造饭碗"的企业。

此外，李明还将自己的企业定位为"共享空间"，他希望通过这种模式，让更多人分享到城市资源。例如，他的餐厅不仅提供优质的餐品，还提供宽敞的办公空间和休闲娱乐设施。这样的设计，不仅吸引了更多的顾客，还为附近的办公人群提供了一个交流场所。

李明的生意模式是以对别人有利为出发点，将客户需求放在首位，同时兼顾自身利益，确保双赢。这种独特的商业模式使得他的企业越来越受欢迎。正如他所说："做商人，不仅要有商业头脑，还要有社会责任感。"

【明心见性】

对自己有利而对他人无利的生意，是小商人所为。他们通常关注自己的利益，而不是他人的需求和利益。这种做法虽然会让他们短暂感到满意，但最终会使得客户与之渐行渐远。

大商人则相反。他们不仅关注自己的利益，还会考虑到他人的需求和利益。尽管这种做法有时可能让他们承受一些短期损失，但最终会使他们的生意更成功，也会得到更多人的信任和支持。

损人不利己的生意，则是奸商的行为。他们只关注自己的利益，只顾眼前的一点点利益，甚至还会为了一点点利益伤害他人。这种做法虽然会让他们自己短期得到一些好处，但最终会被他人所不齿。

生意场中，希望每一位商人都是有高尚德行的人，不仅关注自己的利益，还能考虑到他人的需求和利益，互不损害，这不仅包括金钱上的回报，还包括其他方面的利益，如口碑、资源等。只有这样，才能建立一个强大的品牌和良好的口碑，让你的事业蒸蒸日上。

第三节 信用有价值，守信有力量

【原文】

期限要约定，切勿延迟，延迟则信用失。

——范蠡

【译文】

在约定的期限内，做好一些事情，不要延迟。如果延迟，则意味着失去了诚信与信用。

【趣味历史】

杜立肖是宋朝时期一位著名的商人，他开设的商号在当地颇有名气。因为他在经商过程中不仅以客户为中心，还始终坚持诚信经营，他深知诚信经营对于经商至关重要。有一次，他接待了一位名叫合德的杭州兵统领。合德没有成婚，孤身一人在外当兵，他将多年省吃俭用积攒下来的一万两白银，交到杜立肖开设的钱庄，既不要利息，也不要存单。但是杜立肖仍按照三年定期的利率计算利息，并将字据交给合德，要其妥善保管。在合德身受重伤临终前，他委托两位同乡到杜立肖的钱庄支取一万两白银交给自己的亲人，以保障他们今后的生活。杜立肖听明白两人的来意后，二话没说，只是让两位支款人证明他们确实是合德的同乡后，就连本带利地将钱款交给两人，没有丝毫的刁难。当合德的亲人拿到这笔钱后，惊讶得说不出话来，因为他们认为合德马上不久于人世，这笔存款可能会石沉大海，从未想过还能收到这笔钱，杜立肖真乃君子也。由于杜立肖诚信经营，钱庄的生意越来越好。合德的故事也在军营中流传开来，官兵纷纷把积蓄存入钱庄，钱庄的实力不断增强，其他客户听说这件事后，更加相信他的品德和信誉，杜立肖因此也成为当时商界中的一位领袖，他的经营理念和行为也成为当时商人学习的榜样。

 **【明心见性】**

从做人的角度来看，一个人的诚信是其道德品质的重要表现。一个人如果能够做到遵守道德规范，尊重他人，有责任心，那么他就容易获得别人的信任。在商业领域中，一个有良好信用的商人通常更容易赢得客户的信赖。因为他们能够遵守承诺，不轻易违背道德准则，让客户产生安全感。

从做生意的角度来看，信用同样非常重要。一个生意人的信用不仅关系到他的商业声誉，也关系到他能否顺利开展业务。试想，你会将一笔订单交给一个没有信用、债务缠身的合作方吗？你会将一笔订单交给一个承诺 10 天就可以完工，但是实际操作时却用了 1 个月才完成的合作方吗？

所以，守信用和坚持诚信经营不仅仅是个人品质和商业声誉的问题，也是生意人成功的关键。

【笑谈今朝】

社会发展中，"老赖"问题日益突出，这些人违背信用，拖欠巨额债务，给债权人带来巨大困扰。某市法院审理了一起债务案件，被告人文某曾是高管，企业破产后负债累累，但一直逃避债务。债权人无奈求助于法院，文某最终被抓捕并受审，判处有期徒刑并处罚金，财产被拍卖偿还债务。

老赖拖欠债务多因逃避现实，希望债务自动消失，但逃避只会带来更大麻烦。法律制裁和威慑是处理债务纠纷的关键。

 【明心见性】

诚信是一种道德品质，是个人行为的核心和价值观的体现。诚信不仅是个人品德的表现，也是商业和社会合作的基础。如果一个人或组织失去了诚信，那么他或他们的行为可能会对其他人或组织造成损害。因此，守诚信非常重要。

守诚信意味着负责任，对自己的行为和决定负责。当一个人做出承诺时，就必须遵守承诺，不能随意更改或放弃。生活中遇到困难，可以寻求帮助，但千万不要逃避。因为逃避并不能解决问题，只有勇敢面对，才能拥有美好的人生。

　　为了拥有美好的人生，我们需要时刻保持良好的信用。特别是当代人，受提前消费理念的影响，纷纷办理了多张信用卡。信用卡无疑为我们的生活带来了极大的便利，然而，我们也要认识到失信可能带来的严重后果。信用记录的严重程度不同，对我们的生活和工作产生的影响也不同。如果我们的信用记录出现污点，比如逾期还款、欠款、逾期申报等，就会影响我们未来的信用等级，导致我们无法顺利地购买房屋、汽车或其他高价值商品，也会影响我们申请信用卡、贷款等财务产品。更严重的情况是，信用记录污点过多甚至会导致我们失去信用，无法在社会上立足。

　　因此，我们应该重视自己的信用记录。应该按时还款、避免逾期申报、保留良好的消费和投资记录等，以保证我们的信用记录良好、稳定。

第四节　不以规矩，难画方圆之界

【原文】

说话要规矩，切勿浮躁，浮躁则失事多。

——范蠡

【译文】

说话、做事要遵守规矩，不可浮躁，浮躁则会导致生意做不成，出现损失。

悟 道

在古代，有一位名叫赵子靖的商人。他是一个有才华和经商头脑的人，在最繁华的街道开了一家杂货铺，样品种类齐全，价格低廉，很快成为生意兴隆的店铺。然而，在他雇佣的伙计中，有一位叫康三的伙计引起了他的注意。康三工作勤恳，任劳任怨，重活脏活抢着干，然而，他的性格却存在一些问题。他总喜欢在别人面前乱说话，不守规矩，同时心浮气躁，缺乏耐心。一天，一位腿部有残疾的男子来到了店铺的柜台前。他看起来很疲惫，步履蹒跚，手里拿着一根拐杖，显然是用来辅助行走的。看到这位残疾人，其他伙计都围了上来，纷纷询问他是否需要帮助。但是，康三看到他的残疾情况后，却开始嘲笑起来。他说："怎么来了个跛子？哈哈哈，今天的第一笔生意要和跛子来做啦。"听到这些话，赵子靖心里非常不舒服，他对康三说："来的都是客，规矩做事是我们的本分。"并对康三进行了批评，康三也意识到了自己的错误。从此，康三开始懂得遵守规矩，不在别人面前乱说话，而是认真听取别人的建议。他也学会了耐心地等待，不再心浮气躁，而是更加专注地做好自己的分内事。

 【明心见性】

乱说话、不遵守规矩、心浮气躁是无法做生意的。如果想要成功经商，必须学会改变自己的上述缺点，这样才能成为一个更好的商人。

乱说话，不仅仅是指说话的内容，更指说话的态度和方式。和不守规矩、内心浮躁的人在一起，很容易受到他们的影响，导致自己的言行举止也变得不规范、不严谨。不守规矩、内心浮躁，有时会让自己失去别人的尊重，甚至失去自己的尊严。

因此，我们需要时刻保持清醒和理智，避免受到乱说话、不守规矩、内心浮躁的人的影响。我们需要树立起明确的行为准则和标准，培养自律性和责任感。同时，我们也需要学会保持内心平静和安宁，保持理智和判断力。只有这样，才能在这个社会中立足，并获得真正的成功和发展。

【笑谈今朝】

日常生活中，乱说话、不守规矩、内心浮躁的行为，往往容易对企业声誉造成重创。某知名餐饮连锁店因管理不善，员工多有不良言行，导致服务质量下降，忠实顾客流失，生意受损。

这种不良言行首先损害了企业形象和声誉，难以持续吸引和维护客户。其次，客户流失，影响企业生存基础。最后，顾客消费意愿降低，严重时可致企业倒闭。可见，员工言行对企业的影响深远，必须引起重视。

企业要树立良好形象，提高客户满意度，需从员工的言行入手。只有这样，企业才能吸引更多顾客，保持客户满意度，提高效益。

 **【明心见性】**

没有规矩，不成方圆。规矩是秩序的体现，是社会稳定和进步的基础。无论你从事哪一行，都要遵守相应的规矩。规矩在商海浮沉中，是导航灯，更是守护神。无视规矩者，或许能短暂风光，但终将在波涛中沉没。

电商浪潮下，直播带货风起云涌。一些商家，误以为单纯降价便能驾驭市场，在直播间编织起"秒杀"的梦幻泡影。他们口若悬河，以限时优惠为饵，诱使消费者仓促下单。然而，这短暂的销量狂欢，背后却是对规矩的漠视，对信任的践踏。

真正的商业高手，深知规矩的力量。他们不以价格战为唯一武器，不迷恋活动的短期效应。相反，他们坚守商业道德，用真诚与规矩筑起信任的基石。他们的言辞，既不过分夸大，也不轻易承诺，而是基于事实，传递价值。

第五节 和气迎宾客，财从八方来

【原文】

接纳要谦和，切勿暴躁，暴躁则交易少。

——范蠡

【译文】

接纳别人的建议时要用谦和的态度，不要暴躁生气，暴躁生气则失去生意。

【趣味历史】

胡玉堂是一个富有的商人，他的生意遍布了整个江南地区。他在商业运作中非常善于处理人际关系，常常以和气生财的原则来处理各种交易。

有一天，胡玉堂听说了一个消息，临县的大臣正在寻找这种高品质的茶具。胡玉堂立刻决定做这笔生意。他命令他的手下去找寻这种高品质的茶具，并安排好了所有的细节。

然而，在他安排好茶具之后，他突然发现他的好朋友也想做这笔生意，也在寻找高品质的茶具。胡玉堂并没有恼怒，他认为做生意讲究公平竞争，好的产品自己会说话。但令他想不到的是，他的朋友为了成功地拿到这笔生意，在临县大臣面前诋毁胡玉堂，说他寻找的茶具品质差、成色不好，不如自己精心为大人找到的茶具高级。大臣听信了谗言，停止了与胡玉堂的合作。然而，胡玉堂的朋友在向大臣进献高品质茶具时，由于疏忽大意，将茶具的壶嘴碰出了一道裂纹。这下可闯了大祸，大臣震怒，命令胡玉堂的朋友在三日内必须修复好，否则后果自负。胡玉堂的朋友又惊又怕，不知如何是好，因为只有胡玉堂店铺中有能够进行茶具维修的手艺人，而自己已经与胡玉堂产生了隔阂，有何脸面去求他呢？胡玉堂听说了这件事，回想起两人之前的点点滴滴，他主动找到朋友，提出帮助修复。朋友听了，既羞愧又惭愧，后悔莫及。胡玉堂说："虽然你做了对不起我的事情，但我讲求和气生财，对别人如此，对你亦如此。望今后好自为之。"

【明心见性】

和气生财，追求的是一个"和"字，主张善待他人，以和为贵。和字当头，往往能成就自己。当我们面对一位礼貌待人、语气和善的商人时，总是愿意与他交往，生意也就自然而然地做成了。有商业人士将这一结论融入生意经中，总结出"饶人一条路，伤人一堵墙"的至理名言。通过观察古今商业界颇有建树的商业者后发现，但凡在业界具有一定影响力的人，都是善于经营的人，他们的生意之所以能够蒸蒸日上，关键在于他们善于处理人际关系。不仅自己做到了，还告诫家人、员工待人要彬彬有礼，笑脸相迎。当宾客感受到你的真诚时，也一定会非常乐意与你做生意，这是一种心理暗示，也是一种心理投资。它不需要多大成本，但是效果却是极好的，是一种非常实用的经商法宝。许多商业成功人士用实际行动告诉我们，一个成功的人需要具备良好的心态和宽容的性格。

【笑谈今朝】

李斌，房地产开发公司老板，以儒雅谦虚著称，深得客户信赖。一天，他的老朋友——一位成功的企业家前来拜访。在交谈过程中，李斌发现这位老朋友仍然像从前一样不喜欢争强好胜。他并不像一些企业家那样，喜欢向别人炫耀自己的财富和地位，而是更加注重与他人的沟通和交流。他也很关心别人的感受，总是温和地说话，让人感觉如沐春风。

李斌感到很惊讶，他知道这位老朋友是一个非常有能力的人，但是他的表现却与他的身份和财富不符。于是，他问对方："你为什么不像一些企业家那样，表现出更多的优越感和实力呢？"

老朋友回答说："我不认为金钱和地位是最重要的东西。对我来说，重要的是能够和人和睦相处，做一个有益于社会的人。我相信，和气生财。"

李斌深受感动，他意识到这位老朋友之所以能够取得那么多的成就，是因为他一直秉持着"和气生财，待人和善"的理念。他决定向这位老朋友学习，以更加温和的态度对待他人。

【明心见性】

现代社会，商业竞争同样非常激烈。如果你想要在竞争中脱颖而出，就必须学会善待他人，以和为贵。饶人一条路，不仅能够赢得他人的信任和尊重，也能够帮助你建立良好的人际关系，为自己的发展打下坚实的基础，创造出更加辉煌的人生。

第六节　人品"欠费"，拒绝录用

【原文】

　　用人要方正，切勿歪斜，歪斜则托付难。

——范蠡

【译文】

　　生意人在选拔人才时要注意选用人品好的杰出人才，那些人品不端、品行恶劣的人是不能委托的，不能录用的。

【趣味历史】

殷守成是一名唐朝的商人，他看准了药材生意，认为能够有所作为，经过努力他创办了守成药铺，并将库房管理的工作交给景通打理。景通是一名人品优秀的伙计，深得殷守成的信任，凡事亲力亲为，库房的管理工作也能做得井井有条。正当他对未来充满美好期待之时，发生了这样一件事：一名负责采购药材的小伙计由于疏忽，误将一批豹骨当作虎骨采购进来，而且采购量非常庞大。由于这名采购员是景通一手提拔起来的，景通对他非常信任，加上最近药铺的生意非常兴隆，就没有对每批货物进行仔细地检查，直接放入了库房。这事被景通的副手知道了，他并没有及时制止，提出问题以避免损失，而是暗暗认为提拔的机会来了。打定主意后，副手忙不迭地跑到殷守成那里添油加醋地打小报告。殷守成一听，心想：如果将这些搞错的药材卖出去，不但毁了招牌，还可能会造成人命关天的伤害。于是立刻带人亲自去到仓库进行点验，果然发现那批药材进错了。本着诚信经营的理念，殷守成二话不说，命令手下立即将那批豹骨销毁。就这么一下子，药铺就损失了几万两白银，景通看到这一幕，很是内疚和痛心，他觉得自己无颜面对东家，当天就向殷守成承认了自己的过失，并表示愿意想尽办法补偿损失，同时递上了辞职信。但是让所有人没想到的是，殷守成非但没有责怪景通，反而说偶尔的失误在所难免，但是要吸取教训，避免日后再发生类似的事情，只字不提辞职和损失的事。景通听后大为感动，自己犯了如此严重的错误，东家却既往不咎，自己一定要吸取教训，擦亮双眼，好好工作。而另一方面，那位满心欢喜等着升职的副手却被殷守成开除了。殷守成有他自己的想法，他认为，同样身为库房的管理人员，他发现了问题却没有第一时间去解决，也没有向上级汇报，眼看着药铺白白损失了几万两银子；而且发生了问题越级汇报，添油加醋打别人的小报告，可以看出这样的人心术不正，人品不佳，把个人利益凌驾于单位之上，私心太重，其心可诛。所以殷守成坚决地把他辞退了。

【明心见性】

金无足赤，人无完人。人人都不可避免地会犯错误，这并不可怕，只要知错能改，还是一名好员工。如果因为员工犯了错误就大加指责和惩罚，那么肯定会让大家在工作中如履薄冰，大气也不敢出，人人自危，导致人人都不敢放开手脚去工作，发挥不出人的主观能动性。良知就是良心，良心就是人品。优秀的人品是仕途顺利的"助推器"，一个有良知的人必定懂得感恩。

【笑谈今朝】

李海城，一位成功的商人，拥有盈利丰厚的大型企业。随着年龄增长，他将业务交给助理米强，希望安享幕后生活。米强为获认可，决定打击竞争对手，破坏对方产品，买通员工泄露机密，恐吓对手老板，致使其业绩下滑。此外，米强为追求利润，制作注水猪肉，损害消费者健康。李海城察觉异常，暗中派人调查后发现米强的非法行为，遂报警将其逮捕。

【明心见性】

俗语说："人为财死，鸟为食亡。"为了一己私欲，不顾他人死活，只追求利益最大化，是毫无人性的作为。利欲熏心的人都有一个共同的特点：心中只有利益，没有道德。他们大言不惭地说："道德值几张羊皮？"努力挣脱道德的束缚，活成"不择手段"的模样才是他们的人生目标。如果社会上多了一份对手段无所不用其极的追逐，或许就会少一份对道德底线的坚守。希望在商战的舞台中，每个人都能重新审视自己的立场，不应该为了金钱和权力而损害他人，而是做一个有爱心和责任感的人。

第七节　财富散天下，富好行善德

【原文】

居家则致千金，居官则致卿相，此布衣之极也。久受尊名，不祥。

——范蠡

【译文】

我已经赚了很多财富，官也做到了卿相，这已经是普通人中的极限了。如果一直这样下去，恐怕不是一件吉利的事情。

【趣味历史】

在春秋战国时期，有一位既能治国，又能经商的奇才，他就是范蠡。他的一生充满了传奇色彩，而他最被人们津津乐道是他在功成名就之后，将财物全部分给他人，成为早期的慈善家。

范蠡原本是越国一个贫苦家庭的孩子，但他天赋异禀，聪明过人。他既能洞察商机，又能看透人心。他凭借着自己的才华和努力，逐渐积累起了财富。他的财富像滚雪球一样，越滚越大，最终使他成为一个富可敌国的大商人。

然而，范蠡并没有因此而骄傲自满。他深知"打江山易，守江山难"的道理，他不想让自己的财富成为子孙后代的负担，更不想让自己的财富成为他人羡慕嫉妒的对象。于是，他作出了一个震惊所有人的决定——将自己的财物全部分给他人。

在范蠡的眼中，财富并不是用来积累的，而是用来流通的。于是，他把自己的财富分给了那些需要帮助的人，让他们生活有了保障，更给了他们改变命运的机会。

公元前468年前后，已经名满天下的范蠡，为了躲避功名的束缚和潜在的灾难，选择了告别越国的舞台，前往陶地（今山东定陶）隐居。

陶地之所以吸引范蠡，是因为它地处中原，交通便利，商业繁荣，无疑是经商的理想之地。

在陶地，范蠡以"陶朱公"自居，运用他的商业智慧，带领他的儿子们耕作与经商，不久便再次积累了巨额的财富。而他又将财富散尽，因为对于他来说，钱财乃身外之物。他并不沉迷于功名利禄，散尽家财，追求的是贤能且淡泊的生活，这才是他真正向往的。

 **【明心见性】**

厚德方能载物，善良自会积福。一个人最可贵的品质，便是乐于行善，慷慨解囊帮助身处困境之人。这样的人，往往能得到命运的青睐，即便散尽钱财，福报也会随之而来。

尤其是那些成功的商人，他们的成就并非仅仅源自精明的商业头脑，更在于他们富有之后仍能保持乐善好施的高尚品德。

【笑谈今朝】

陈金满毕业后进入一家知名企业，因出色表现获得众人认可。但随着事业成功，他对金钱的渴望日益膨胀，金钱成为衡量一切的标准。为获得重大项目的负责权，他不惜行贿、陷害同事，最终导致项目失误，公司损失惨重。

陈金满的故事为我们敲响了警钟。他提醒我们：金钱并非生活的全部，不要以金钱衡量一切。

 **【明心见性】**

人为财死，鸟为食亡。贪得无厌者，注定自食恶果。对财富的欲望太盛，会遮蔽理智，导致道德沦丧，摧毁个人的品格。唯利是图，不择手段必将为自己带来恶名，遭到众人的鄙视，最终一无所获，落得悲惨的下场。

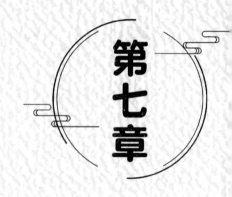

第七章

知与行的交响曲

——寻求王阳明的平衡之道

> 人生悠长，智慧是灯，照亮前路；实践是桥，跨越鸿沟。我们追求的，是两者间的微妙平衡——要有思考的深度，也要有行动的魄力。这种平衡，是梦想与现实的交响，是内心与外界的对话。学会在思考中行动，在行动中思考，向更广阔的自我迈进。

第一节 以良知之水，灌溉生命之花

【原文】

无善无恶心之体，有善有恶意之动。知善知恶是良知，为善去恶是格物。

——王阳明

【译文】

心体本无善恶，意念产生才有了善恶之分，而辨识善恶是内在的良知，实践善行并摒弃恶行则是我们修身正心的行为准则。

【趣味历史】

元朝末年，当地百姓的生活被一名叫苏吉的强盗搅扰得鸡犬不宁。苏吉穷凶极恶，十分猖狂，烧杀掠夺，强抢民女，无恶不作，当地百姓苦不堪言，纷纷请求朝廷尽快将苏吉捉拿归案。然而，由于苏吉十分狡猾，居无定所，具有极强的反侦察能力，所以朝廷数次抓捕都以失败告终。北向月上任后，立志要抓捕苏吉，给朝廷和百姓一个交代。经过冷静分析苏吉的行动规律，加上线人来报，北向月掌握了苏吉的行踪，他找准时机，带领精干力量将苏吉一举擒获。百姓听闻后，无不欣喜，纷纷称赞北向月的能力之强。受审那天，百姓纷纷来到朝堂旁听。北向月问道："盗贼苏吉，你可知自己所犯何罪？"苏吉根本没把北向月放在眼里，一副无所谓的神情说道："哼，我早已知道死罪难逃，别废话，想杀我，就痛快点，我还要赶去投胎，你也别文绉绉地和我谈些道德良知。告诉你，我们这种人，从来不谈这个，从我出生到现在连想都没想过。"北向月轻蔑地说："好，本官看在你是将死之人，今天先不和你谈道德和良知。这样吧，天气炎热，审案前，我们先把衣服脱了吧。"在场的人们都惊呆了，他们没想到北向月会提出这样一个要求，实在不知道北向月葫芦里卖的什么药。但是北向月开口了，苏吉不能示弱，于是，苏吉相继脱掉了上衣、衬衣和外裤，光着膀子只剩内衣站在堂上。"好，本官敬你是条汉子，现在你敢不敢把剩下的衣服脱掉，如此岂不更痛快？"北向月提议道。苏吉急得直摇头："大人，使不得，使不得呀！"北向月笑着问："为何你说使不得？"本来趾高气扬的强盗头子面对他提出的要求，却面呈猪肝色，半天说不出一个字。北向月一副胸有成竹的表情说："我以为你完全丧失了良知和道德，所以用这个方法试你一试。看来，你心中还留着最后的羞耻感，这何尝不是道德和良知的表现呢？虽然你是大恶之人，但你还有良知。"

【明心见性】

生而为人，我们可以不够优秀，但是绝不能没有良知。

可以碌碌无为，但是不能不会感恩。

你可以一无所有，但不能没有良知。有良知，才能不疾而速；有良知，才能做正确的事；有良知，才不会做有损他人或自己的事情。这种良知是社会和谐稳定的重要基石。

有良知的人会更容易获得成功和幸福，因为他们能够坚守自己的品德，在人生的道路上行驶得更加稳健。

【笑谈今朝】

雷冰婚后的生活平静而又幸福，直至 2023 年的一场意外，打乱了他的幸福生活。女儿佳佳突发高烧抽搐，紧急送医后确诊为急性淋巴细胞白血病，他的幸福生活戛然而止。面对高昂的医疗费，雷冰卖掉房产和车辆筹款。治疗初见成效，但资金告急，而雷冰已经无处再借钱了。看到女儿的笑容，他万分痛心，决定出来散散心。正在他走在公园时，一个公文包吸引了他的注意，捡起后打开，发现里面有几沓百元大钞。面对这笔意外之财，雷冰坦言自己的思想上经历了一番挣扎。他说道："当时我的思想上挣扎了一下，因为那是无人的角落，如果我拿走，没有人能看到，但是这种钱是昧着良心得来的，是'烫手'的。女儿一直说我是她心里的奥特曼，如果拿了这笔钱，我的精神上将会受到无尽的谴责，想到这里，我决定就在原地等待。20 分钟后，我终于见到了失主。"将钱财交给失主时，雷冰的内心是喜悦的，因为良知让他做了一件正确的事情。

【明心见性】

雨果说过这样一句话：一个有良知而纯洁的人，觉得人生是一件甜美而快乐的事。有良知的人，会始终坚守内心的道德准则，不向利益、欲望妥协，始终坚守自己的价值观和立场。具有高度的人格尊严和道德自觉的人，他们做事不缺乏基本的道德判断力和道德责任感。那么，我们如何做一个有良知的人呢？答案很简单：做个好人，做个善良的人。

常听老人说：想要别人善待自己，首先要善待别人。一个人可以没有金银细软、高官厚禄，但是一定要有良知。良知就像存钱，只要你日积月累，不断地积累你的良知，慢慢地你就会享受到良知所带来的"利息"，最终变成一位有良知的"富翁"。

第二节 及时改错，站稳人生 C 位

【原文】

不贵于无过，而贵于能改过。

——王阳明

【译文】

一个人的可贵之处不在于不犯错，而在于能够在犯错误后改正，这是难能可贵的。

【趣味历史】

唐朝时期，有一位名叫贾桂双的臣子，他身居皇帝顾问之职，常为君主出谋划策。然而，有一日，宰相散布了一些谣言，指控贾桂双背地里图谋不轨，有意篡权称帝。皇帝闻讯后大为震怒，未经深入调查，便轻率地罢免了贾桂双的所有职务，并命宰相彻查此事。

贾桂双是一位忠诚的臣子，他从未有过任何篡位的念头。他一直为朝廷和百姓服务，却不曾想过会被这些毫无根据的传言所伤害。一位平素与贾桂双交好的同僚深知贾桂双是位忠臣，人品与才华兼具，也知道贾桂双是被冤枉的，但在此刻贸然进谏，恐引起皇帝反感，反而适得其反，于是他心生一计。一个月后的一天，同僚的母亲丢了两双草鞋，于是同僚带着母亲去见皇帝，同僚的母亲来到大殿后，说是宰相偷了她的草鞋。皇帝看到大臣带着母亲来到大殿上，正不解之时，却听到这样的状词，遂哈哈大笑道："原来只是丢了两双草鞋。来，看在你儿子功劳不小的情分上，我赐你五两纹银，去重新买几双草鞋吧。"大臣的母亲追问道："我不需要皇上的赏赐，我只是希望皇上给我做主，做出公正的判决，难道皇上不管宰相偷我鞋的事情吗？"皇帝答："我不相信，身为一名宰相，俸禄丰厚，怎么会偷你的鞋呢？"

大臣的母亲说："当然不是宰相自己偷的，是他派人来偷的，因为他耳目不明，管理不善，导致盗贼光天化日之下来到我的家中，偷走了我的草鞋。皇上您说，这和他派人来偷我的鞋有什么区别呢？我今日前来，并非无理取闹或者和您斗气，实在是因对宰相治国不善感到愤懑不平罢了。"说罢，她就转身离开了大殿。

皇帝没想到一位妇人能说出这样一番话语，当即明白了大臣母亲要表达的意思。后来皇帝就把贾桂双召了回来，让他重新做官。

【明心见性】

　　莎士比亚说：一个人知道了自己的短处，能够改过自新就是有福的。在人生的旅途中，每个人都会犯下大大小小的错误，没有不犯错的人。"错误常常是正确的先导"，在"错"中磨砺，会使人得到提升。因此，我们应该学会正确看待犯错。知错就改也是我们应该始终坚持的原则，敢于承认错误，勇于承担责任，善于从错误中吸取经验教训，采取积极的措施来弥补和改正这个错误。只有通过不断地自我反省和接受批评，虚心听取他人的意见和建议，才能真正成长为有担当、有能力、有作为的人。

【笑谈今朝】

　　近年来，直播带货是一个热门话题，主播通过在直播间进行产品展示，消费者能对产品有更为全面的了解，进而产生购买意愿。但是，有的主播为了人气，不惜装疯卖傻、恶意串价，甚至通过恶搞的方式来"博眼球"。比如，某位拥有50万粉丝的主播，在直播带货过程中出现了虚假宣传等不当行为，引起了观众的不适。这样的行为不仅违反了直播平台的规定，更是对消费者权益的严重侵害，这位主播自然受到了相应的处罚。

　　经过反思，这位主播认识到自己的错误，并且改正了自己的行为。

　　懂得收敛，明晰底线，是认识错误、重新出发的表现。通过这次教训，主播深刻地知道，触碰道德底线、法律红线的行为，最终损毁的是自己，终将自食恶果。

【明心见性】

　　列宁曾说："聪明的人并不是不犯错误，只是他们不犯重大错误，同时能迅速纠正错误。"知错就改是每个人都应该具备的素质，而且要发自内心地去改正错误，而不是装装样子、做做文章，实际上并没有真正意识到自己的错误，那么这样的道歉和改正就失去了意义。相反，如果是真正发自内心地认为自己做错了，并且做出了实质性的改正措施，那么这样的道歉和改正才会被别人认可，才会促使自己进步。

第三节　保持友情连线，永不掉线

【原文】

处朋友，务相下则得益，相上则损。

——王阳明

【译文】

交朋友，要互相谦让和帮助，双方都能受益，如果相互攀比、互争高低，那么都会受到损伤。

【趣味历史】

隋朝时期，由于敌对部落的数次挑衅，皇帝决定派出两位将军前去应战。两位将军运筹帷幄，运用多种战术，将敌对部落的挑衅者全部擒拿，大获全胜。得胜归来，皇帝决定为两位将军举办庆功宴。宴会上，皇帝十分高兴，不住地称赞两位将军英勇善战，并决定重赏。然而，在众多的赏物中，对于羊群的分配问题却让皇帝犯了难。在古代，羊是常见的家畜之一，人们通过饲养羊来获得肉、羊皮和其他副产品，是重要的食物来源。皇帝犯难的是，羊有大有小，有肥有瘦，不知如何来分。于是，他把这个难题抛给了众大臣，要求大臣们在第二天上朝时，给出一个最佳的分配方案。

第二天，大臣们在大殿里各抒己见，提出了各种分羊的办法。有大臣提议：干脆把羊宰杀掉，去骨去皮后，有多少斤的羊肉，就按照平均分配的原则，分给两位将军，这一提议遭到了另一个大臣的反对。因为古代没有冰等冷藏工具，这么多只羊宰杀后，羊肉无法长时间保存，正值夏天，如果羊肉腐败变质了，则无法食用，造成浪费，也枉费了皇帝的一番心意。又有大臣提议：要不就用抓阄的方式来分配吧，分到什么羊全凭运气，但是这一提议再次遭到了反对。有大臣认为这种方式是民间的"土办法"，不够大气，怎么能在宫廷里面使用呢？大家各抒己见，提出了各自的方案，听起来都很有道理，但是又被其他大臣推翻，七嘴八舌地商量了半天，却没有一个适合的可行性方案，因为无论哪一种分配方法，大家都觉得不够公平。

正在大家不知如何是好时，一直沉默不语的将军站了出来，说："皇上，无须再讨论了，我知道该怎么分。"说罢，他来到了羊圈，挑选了几只最瘦、最小的羊。众人不解，因为大家都知道肥羊肉质更鲜嫩，口感更佳。这位将军说："另一位将军家中父母年事已高，家眷人口多，他比我更需要肥羊。我和他是共上战场的盟友，更是好朋友，我理应谦让，把肥羊留给他更合适。"说完，他出了大殿。

【明心见性】

爱默生说过：圣贤是思想的先声，朋友是心灵的希望。人生短暂如白驹过隙，友谊是人生道路上一道亮丽的风景，与朋友相处是一道需要一生探索的问答题。一个只顾自己利益的人，对什么事情都会斤斤计较的人，他一定是一个孤独的人。友谊也是需要经营和维护的，别等到你需要友情时，蓦然发现自己变成了孤家寡人，只能孤独地面对人生的风雨。

反之，有的人，宁愿自己吃亏，也不愿意让朋友吃亏，对待朋友诚挚，真心为朋友着想。在朋友遇到困难时，伸出援手；在面对利益时，能够懂得谦让，传播正能量。这样的人，身上会散发出耀眼的光芒，那束光是那么温暖、宁静，洒在朋友的身上，落在朋友的心里。

【笑谈今朝】

静雅与李倩自小友谊深厚，但随着时间的流逝，李倩的优越让静雅感到自卑。李倩在社交媒体上炫耀奢华生活，静雅虽努力追赶，却始终自觉不如。两人逐渐疏远，直到一次在咖啡馆的偶遇，李倩的鄙夷和中伤让静雅愤怒，最终导致二人发生争吵，友谊破裂。

曾经无所不聊的姐妹，以反目成仇收场。这场"战争"中没有赢家，她们都失去了最珍贵的友谊。

【明心见性】

在家靠父母，出门靠朋友。人生中能够拥有一个或者几个朋友，是一件无比幸福的事情。与朋友相伴，分享彼此的欢乐和忧愁，即使相隔千里也会时刻牵挂着你，成为彼此最好的听众和陪伴者。朋友的存在，让你的人生不再孤单，多了一份温暖和安慰，生活更加丰富多彩。这种幸福的感觉就像天空的七彩虹，美丽而绚烂，且无与伦比。

第四节 越是艰难时，越是修心际

【原文】

吾不以不及第为耻，吾以不及第动吾心为耻。

——王阳明

【译文】

不要因为考不中而感到羞耻，要以因为考不中而出现沮丧的神情感到羞耻。

【趣味历史】

宋代有一位商人叫秦墨，以贩卖布匹为生。有一次，因为他的错误判断，导致一批布料无人问津。秦墨急得团团转，想不出更好的办法。他吃不下睡不好，日夜因为这批布料而发愁，转眼间就过了销售旺季。秦墨看着堆在库房的布料，愁云密布。这次失败给了秦墨沉重的打击，他对生活失去了希望，对任何事情都提不起兴趣，每天将自己关在房间里睡大觉，看到布料就禁不住泪流满面，感慨自己为何如此失败。他的朋友是一位生性洒脱，喜爱云游四方的侠客，恰巧这天来探望秦墨，看到这一情况，便轻声安慰他说："老友，振作起来，我认为这是对你内心的一种磨炼。失败是成功的必经之路，也是我们成长的一部分。如果我是你，我不会因为做生意失败了而痛苦与难过，我只会因为我表现出失败的神情而难过。"

朋友说这句话时，语气非常平和，但让秦墨感到一股温暖的力量。他慢慢收拾心情，开始思考如何改进自己的生意，并反思自己的经营方式，积极寻找改进的方法。在朋友的鼓励下，他重新振作起来，继续努力，最终他的生意越做越大，成了远近闻名的富商。

人生路漫漫，总会遇到艰难困苦，越是在艰难困苦的时候，越能磨炼一个人的心性，越能体现一个人的心性修养。遇到困苦时，普通人多悲伤成河，乱成一团，而修养深厚的人，则多泰然处之，不会表露出悲伤之情，并以露出悲伤的情绪为羞愧，因为悲伤并不能改变什么，反而令生活更糟糕。

 **【明心见性】**

泰戈尔说："上天完全是为了坚强我们的意志，才在我们的道路上设下重重的障碍。"是的，在面对困难、挫折、痛苦等艰难的时刻，能够通过修行内心，提高内心的力量和智慧，从而面对并克服困难的人，才是真正的智者。

人生的旅途中，不可能一帆风顺，困难总是如影随形，无论我们愿不愿意，它都会出现在我们的生活中。而面对困难，最好的解决方法就是修心。

【笑谈今朝】

建元与美熹在工作中相恋，二人共同为未来努力，享受着爱情带来的美好。然而，美熹的父母因建元收入不高且是外地人，反对这段关系，迫使两人分手。美熹虽不舍，却屈服于父母的压力。建元无法接受，开始酗酒，不断向他人倾诉痛苦。起初，建元的朋友们都同情他、安慰他，但是随着建元不分昼夜地打电话哭诉，大家逐渐不再接听他的电话，甚至开始回避他。爱情的失意，让建元从一个有为的青年堕落成只会怨天怨地的颓废人，他因为爱情失意而整日借酒消愁，沉浸在无尽的悲伤之中，朋友们都离他而去，只剩下孤独与空虚做伴。

 **【明心见性】**

在人生的道路上，每个人都会遇到艰难困苦，例如失业、生病、失恋等。越是艰难的时刻，越要知道这是修心的时刻。这些事情会给我们带来巨大的压力，让我们陷入沮丧、无助，甚至绝望。但是，正是这些困难，会让我们更加深入地了解自己，发现人生的真谛。当我们摆脱那段艰难的日子，我们就会明白：面对困难，去挑战自己，才能真正地成长。

正如《涅槃重生》中所说："越是艰难困苦时，越能明晓心性，当你甩掉那段艰难岁月，就意味着你已涅槃重生。"

在接下来的日子里，希望我们不再被困难所困扰，用积极的心态去面对问题。利用好生命中的每一分，每一秒，去感受生活的美好。

第五节　人人皆有"心中贼"，不破难成事

【原文】

破山中贼易，破心中贼难。

——王阳明

【译文】

打败山中之贼较为容易，但是击败心中贼是困难的。

【趣味历史】

于谦，明朝名臣，他的一生宛如一部波澜壮阔的史诗，充满了坚韧与清廉的篇章。正因为他坚守着驱逐心中"贪念之贼"的理念，才使得他能在权力的巨大诱惑下仍然如松柏般屹立不倒，从而成为后世万代景仰的楷模。

于谦初入官场，担任山西省监察御史，其职责为"辩明冤枉"，监察地方官员，"为天子耳目风纪"。有一天，于谦收到一封信，里面装着一沓银票，价值数千两。于谦一打听，发现竟然是当地一名官员送来的。原来，那名官员抢占了百姓的土地，引起了大家的公愤，百姓纷纷表示要上告朝廷。官员担心官位不保，他知道于谦是来查办此事的，想通过这种方式贿赂于谦，让他能睁一只眼闭一只眼，高抬贵手放过自己。然而于谦只是淡然一笑，将银票扔进火炉，烧了个精光。

"本来无一物，何处惹尘埃。"于谦淡淡地念起了诗。他心中没有一丝贪念，又怎会为金钱所动？他关闭了心中的"贪欲之门"，就如同关门挡住了风，挡住了雨，也挡住了所有的诱惑。只有将这扇"门"紧紧关闭，才能让自己在权力的诱惑下始终保持清醒，才能为百姓谋福祉，为国家谋繁荣。

在官场上，于谦以刚直不阿著称。不仅如此，他深入民间，体察民情，努力解决百姓的困难。他关闭了心中的"贪欲之门"，却打开了一扇对老百姓的"关爱之门"。

【明心见性】

正如古人所说："靡不有初，鲜克有终。"初时，我们如同穿着新鞋的人，会小心翼翼地避开泥泞，但一旦不小心弄脏了鞋，便不再珍惜，鞋就会变得越来越脏。这就和"心贼"一样，只有从一开始就严格把控，才能防止"心贼"有机可乘，从而避免出现严重的后果。

【笑谈今朝】

智敏是一名喜欢购物和旅游的白领，因收入有限而寻找兼职。她通过网络认识了一位生活光鲜的网友，被其奢华生活吸引。网友邀请智敏在高档酒店就餐，分享自己的财富自由经验，称其通过投资理财实现。智敏好奇询问，网友推荐了一款投资软件。智敏尝试后迅速获得高额的回报，于是逐渐增加投资金额，并且对这位网友深信不疑，认为他是自己的财富导师。

几个月后，网友建议智敏加大投资，承诺可以大赚一笔。智敏借钱投资，却未收到预期收益，网友也失联了。智敏这才意识到自己被骗了。从开始寻求做兼职，增加一份收入，到后来被贪念蒙蔽双眼，都是因没有关好心之门，放出了心中贼。

 **【明心见性】**

贪念源于人性的弱点，它诱使我们追求无止境的物质欲望。然而，过度的贪婪不仅会损害他人的利益，最终也会让我们自己付出沉重的代价。

要战胜内心的贪婪，我们需要培养自律和保持清醒的认知。自律使我们能够抵御诱惑，坚守原则；而清醒的认知则让我们明白，真正的幸福并非来自物质的堆砌，而是源于内心的平和与满足。

第六节　书海泛舟，更需实地操舵

【原文】

知者行之始，行者知之成。圣学只一个功夫，知行不可分作两事。

——王阳明

【译文】

实践是认识的起点，认识是实践的成果，圣人的学问只是一个功夫，实践和知识不是两件分开的事情。

【趣味历史】

一位富豪老来得子，便对小儿子十分宠爱，但是并不娇纵，要求十分严格。他把小儿子作为家产和事业的接班人来精心培养，为他重金聘请了各科目家教老师，并且送到当地最好的私塾。小儿子在这样的环境下长大，每天接受文化的熏陶，不仅没有纨绔子弟身上的那些恶习，而且成了一位彬彬有礼的绅士，学问和人品都属上乘。富豪感到非常欣慰，认为自己的辛苦总算有所回报。由于富豪家经营海上运输生意，最大一艘渔船的老船长将在两年后回到家乡，安享晚年。因此，在这两年的时间里，小儿子一直在家里学习航海知识，准备接替老船长的工作，继续驾驶渔船在海上航行。经过了刻苦学习，他掌握了丰富的知识，并且能够非常流利地背诵航海知识，大家都特别信服他。两年后，老船长回到家乡，小儿子信心满满地和其他船员一起出海。谁知，渔船刚行驶出码头，天空突然乌云密布，电闪雷鸣，黑压压的天空让大家感到非常不安，紧接着狂风暴雨把渔船吹得像一片枯叶辗转飘零，到了回水和急流的地方。渔船失控了，大家慌作一团，小儿子尽量让自己平静下来，高声背诵驾船的口诀，并且回忆书上提到的遇到这种情况时应该如何解决的办法，可是船就是怎么也稳不住，最后渔船翻了，全船人都淹死在海水里。

这是一个极为悲痛的故事，它告诉我们实践的重要性。在这个故事中，小儿子虽然能够熟练地背诵航海时的方法，但这些知识原本只是他生活中的理论学习。他之前并未深刻理解到"实践是检验理论的最好方式"这一道理。直到他亲身经历了海难，才真正意识到实践的重要性。

 **【明心见性】**

刘向说过："耳闻之不如目见之，目见之不如足践之。"在现实生活中，我们也会遇到许多需要实践的事情。当我们要完成一份工作

时，需要提前了解相关知识，了解具体的要求，然后开始动手实践。只有通过实践，我们才能真正掌握技能，才能不断提高自己的能力。人非生而知之者，要学得知识，一靠学习，二靠实践，离开了实践，学习也就成了无根之木。实践出真知，实践长才干，只有从实践中来，又经过实践检验的理性认识，才是真正的科学知识。而实践离不开正确理论的指导，否则在实践中就会彷徨、犹豫、无所适从；懂得了书本知识，有了理论，不付诸实践，知识、理论就又成了装点门面的东西。

【笑谈今朝】

2019 年，田晓燕考入某医药大学。作为新时代的大学生，她深知只有扎实的专业知识是远远不够的，还要投入真正的实践中去。因此她不仅认真学习专业知识，还积极参与专业相关的竞赛和社会实践，将理论知识转化为实践成果。

毕业前，她来到一家药物科研所实习。在实习期间，她提高了自身的沟通能力和研究课题的能力，将所学知识应用于工作实践，将笃学精神贯彻到工作中，她的工作能力获得了所在部门领导及同事们的一致好评。

在科研领域，人们常常局限在实验室里，忽略了实践的重要性。她认为，科研工作必须走出实验室，走向社会，为社会发展和祖国建设发挥实际作用。她也深刻体会到，实践是科研的灵魂，理论必须紧密结合实践，才能真正体现出学术的价值。只有在实践中，才能真正理解知识的本质，检验理论的适用性。因此，她始终坚持将理论和实践相结合，努力将学术成果转化为实际应用。

 【明心见性】

培根说过这样一句话："实践是科学的皇后。"培根是近代实验科学的奠基人之一。他的实验验证了许多理论，这些理论在科学研究

中具有重要地位。但是，他并不局限于理论研究。他坚信，实践是推动科学进步的关键。他认为，理论研究只是科学探索的第一步。只有将理论付诸实践，才能真正了解它的价值。

　　实践和知识都是我们生活中不可或缺的一部分。实践是我们学习生活的本质，而知识则是我们生活的指南针。没有实践，我们的知识就只是一堆空洞的理论，没有任何意义。没有知识，我们的实践就会盲目无章，难以达成目标。

第七节　懂得克制自己的人，才能成就自己

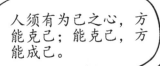

余额-100000
余额-10000
余额-10000
余额-10000
余额-1000
—1

人须有为己之心，方能克己；能克己，方能成己。

就是贷款也要保住我的"榜一"地位！

华哥威武！谢谢华哥的礼物！

【原文】

　　人须有为己之心，方能克己；能克己，方能成己。

——王阳明

【译文】

　　人需要有为自己着想的心，才能克制和约束自己；能够克制和约束自己，才能成就自己。

【趣味历史】

在宁远之战结束八个月后，天启六年（1626 年）八月十一日，努尔哈赤病逝。得知努尔哈赤死讯后，袁崇焕立刻派出了代表团前去慰问。此行吊唁努尔哈赤是假，实则是想和皇太极和谈，通过和谈来收复辽东并完成宁锦防线的建设。一行人浩浩荡荡地来到了皇太极的府邸，使者们表面看似悲伤，但实则难掩挑衅与窃喜之情。

自家父王在宁远之战被袁崇焕打伤而死，袁崇焕竟然还派来代表团假惺惺地慰问，实在是欺人太甚。换作一般人早就将慰问使者们轰出去或者大动干戈，然而权衡利弊后，皇太极忍了。

他不但忍了，还用最高标准接待了袁崇焕的代表团。不仅好吃好喝地伺候着，还费尽心思找好玩的，让他们开开心心了一个多月，走的时候还又送马又送羊，最后还满脸笑容地与使者们挥手告别。表面看，皇太极低声下气，毫无反抗之力，实则他是一个比努尔哈赤更为可怕的敌人。皇太极为了维持和平休养生息，不惜克制自己滔天的怒火和不甘的屈辱，低眉顺眼地周旋于明王朝派来的代表团之间。他的这种隐忍和策略，最终为清朝的崛起奠定了坚实的基础。

 **【明心见性】**

懂得暴力的人，是强壮的；懂得克制暴力的人，才是强大的。每一次克制自己的情绪，就意味着比以前更强大。这也告诉我们一个道理：无论何时何地，留三分冷静于心底，用七分理智去做事，是解决问题最好的办法。

修身是中国人处世哲学中的第一步，而修身的第一步就是克制。

一个人想要成就自己，就一定懂得克制自己，有一分本事吃一分饭。从善如登，从恶如崩。学好很难，但是学坏却很容易。不要试图去考验自己，也不要试图考验别人。

【笑谈今朝】

信息时代，短视频成为生活的调剂品。华哥就是一位痴迷于其中的"大哥"。他给一位女主播狂刷数万元礼物，享受直播间带给他的虚幻荣誉。在一个月内，他竟在不知不觉间用信用卡刷掉了25万元，全部用于打赏这位女主播。为了保住"榜一"的地位，他不惜卖房借钱，在女主播的直播间一掷千金。最终，华哥深陷债务泥潭，无力偿还，求助于该女主播却被拉黑，这一刻，他才如梦初醒，意识到这一切不过是一场冷酷无情的金钱游戏。

【明心见性】

歌德曾说："谁不能克制自己，他就永远是生活的奴隶。"一个真正成熟的人，懂得克制自己，牢牢抓住生活的主动权。

网络可以带来短暂的快乐，但如果不加以控制，它可能会变成一种沉重的负担。真正的幸福不是由表面的虚荣堆砌而成的，而是由内心的满足和平衡所决定的。

在这个充满诱惑的世界里，我们需要学会自我控制，找到属于自己的节奏。懂得克制浮躁，心怀诗和远方，着眼于当下，脚踏实地做好每件事情，未来才更加可期。

正如稻盛和夫在《干法》中所说："每当我面对困难，踌躇不前不知作何决定时，我总是用'动机至善，私心了无'这句话来严格地逼问自己。我认为，只要抱着纯粹的、美好的、强烈的愿望，付出不亚于任何人的努力，那么，任何困难的目标都一定能够实现。"终其一生，我们不过是与自己博弈罢了，唯有不断地了解自己，懂得克制自己，培养自律习惯，止于至善，方能知足常乐。

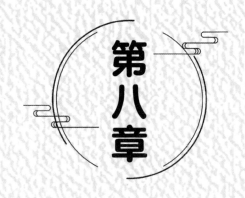

第八章

人生的另一番风景

——感悟曾国藩的"笨拙"

于纷繁的路途中，我们往往忽略了那条"笨拙"小径，它虽不夺目，却藏着别样的风景。这是一条需要慢步细品的路，每一步笨拙的坚持，都是对自我深度的触碰。当外界喧嚣渐隐，正是这些笨拙的努力，让生命之树根深叶茂。

第一节　巧计非长策，天道重实干

天道忌巧。

——曾国藩

【译文】

无论是做事还是做人，都不要耍小聪明，这样走不长远。

【趣味历史】

晚清名臣曾国藩是一个懂得下"笨"功夫的人。他虽然出身名门，但造化弄人，并未遗传到家族中的聪慧天资，甚至在8岁时说话还不太利索，可以说是少见的"笨小孩"。他记忆书中的知识总比其他孩子慢上一拍，但他却执着于将每一段都研究透彻，不琢磨明白这一节就绝不急于跳到下一节，未看完这本书绝不匆匆翻开另一本。

有一次，在宁静的深夜中，他正在全神贯注地反复背诵一篇文章。黑暗的屋外有一名小偷，隐藏在梁上，准备等待这位年轻的读书人熄灯入睡后行窃。

然而，时间一分一秒过去，屋内的读书声依然没有停止，而且仍停留在那篇难以理解的文章。小偷在屋外等了许久，见他还没有背诵完毕，心里又急又气，从梁上跳了下来，对他说道："你这么笨的人还读什么书啊！我听了几遍就能熟练背出来了，你竟然背了这么久，还背不下来！"说完，还在曾国藩面前流利地将文章背诵了一遍，之后便转身而去。

这次遭遇让曾国藩认识到自己的不足，并激发了他的学习潜能。他从此更加勤奋地学习，不断提高自己。

【明心见性】

愚笨也是一种智慧。人和人之间存在智力差距，这个差距会导致有的人理解能力强，有的人理解能力稍差，甚至成为别人口中笨笨呆呆的人。没关系，且不要自卑，告诉自己：如果我是一个笨拙的人，那就要更加努力，没有天赐的才华，那就努力去获得，哪怕路途是艰难的。只要不放弃、不后退，无论朝哪个方向前进，都是在进步。

【笑谈今朝】

社会进步和技术发展让高速公路、ETC 通道成为出行的首选方式。但有人为逃费动歪脑筋。小康，一名普通上班族，想节省每日通勤的 20 元过路费。朋友告诉他一个逃费"窍门"，即利用 ETC 漏洞，在其他车辆 ETC 设备的识别抬杆的时机，快速插入通过，以此规避高速公路的通行费用。小康尝试并成功四十余次，每次成功后都暗自为自己的小聪明感到得意与窃喜。

然而，一次逃费时，他被监控摄像头捕捉。交通管理部门迅速介入，很快将小康锁定。他的行为不仅暴露了自己的贪心，还可能面临法律责任。经过核实，小康的行为已经构成违法。他被罚款并接受了法律的制裁。小康的经历提醒我们，贪小便宜的行为不可取，终将付出代价。

当这件事在朋友圈传开时，同事们都表示不解。为什么平时看起来这么聪明的人，会选择这种方式来逃避费用呢？

 ## 【明心见性】

聪明本是优点，但过分依赖小聪明，反而容易陷入误区。有些人自恃才智，却忽略了真正的智慧在于谦逊与实干。真正的聪明是能够看清事物的本质，脚踏实地，不被小聪明所迷惑。因此，我们应该珍惜自己的才智，注重实际，让才智成为助力，而非绊脚石。

第二节　一心一意，好运自然来敲门

【原文】

天道忌贰。

——曾国藩

【译文】

一心一意做事，才能成为学有专长的高手，如果三心二意，最后将两手空空。

【趣味历史】

弈秋，春秋时期鲁国人，他特别喜欢下围棋，并投入大量心血潜心研究，终于成为各诸侯列国知晓的围棋高手。

一日，有两个年轻人慕名前来拜他为师。弈秋看他们是可塑之材，便想将自己的棋艺传授给二人。但是渐渐地，弈秋发现，两名学生在听课的时候，表现截然不同。其中一名学生专心致志地听讲，并不时记录着重点内容，偶尔还打断弈秋的讲话，提出一些问题，弈秋十分欣慰。而另一名学生则显得心不在焉，和弈秋也没有眼神上的交流，有时候弈秋故意停顿下来，让这名学生回答问题，他也答不出来。弈秋对这名学生提出了批评，告诉他要认真听课，不要心猿意马。一个月后，当弈秋把全部课程讲解完毕后，他开始与两个学生对弈，以评估他们的学习情况。

果然，那个心不在焉的学生表现平庸，无法应对棋局中出现的变化。而那个专心致志的学生则表现出色，能够把弈秋传授的棋艺知识活学活用，从容应对棋局中出现的各种变化。弈秋看到这一幕，语重心长地对两个学生说："下棋看似简单，实则很难。它是一种娱乐活动，但也是一种技艺，虽算不得什么大本事，但是不专心致志地学习，也是无法掌握的。"

 **【明心见性】**

艺要精，贵在专。专注确实是取得成就的重要因素。持之以恒地努力、专注于自己的目标，才能在领域取得突出的成就。你每一次的专注都在为你未来的成功铺平道路，正如磨杵成针一样，坚持不懈地努力终将获得回报。

【笑谈今朝】

黄晓，一个充满活力的年轻人，对新鲜事物充满好奇，却总是三心二意，难以持续专注于学习或其他任何一件事。他曾尝试画画、弹吉他、烹饪等多种兴趣爱好，却均未能长久坚持，家中堆满了各种学习资料，却无一项精通。

一次，好友思诺来访，黄晓羡慕她的专注与成就——思诺自幼热爱音乐，现已是一名优秀的音乐家。面对当下的困境，思诺成了他寻求建议的对象。黄晓希望从她那里得到专注之道，以改变自己无法坚持的现状。

思诺听了黄晓的故事后，对他说："你的问题并不是因为你不喜欢学习，而是因为你心猿意马。你要试着沉下心去找到自己真正热爱的事情，然后专心致志、持之以恒地去学习。"

黄晓听了思诺的话，深受触动。他开始反思自己的行为，试图找到自己真正热爱的事情。经过一段时间的思考和尝试，他发现自己最喜欢的还是绘画。于是，他决定放弃其他的事情，全身心地投入到对绘画的学习中。

经过长时间的努力和坚持，黄晓的画技得到了很大的提高。他的画作受到了很多人的喜爱和认可，甚至有人愿意购买他的作品。最终，黄晓成为了一名成功的画家。

【明心见性】

在快节奏的社会中，三心二意这种状态似乎成了一种常态，但其实危害不小。人们常常因为心志不坚定而分散精力，最终导致一事无成。真正的成就，往往来源于专注与坚持。三心二意只会让人在多个目标之间徘徊，无法深入探究，也难以取得实质性的进步。因此，我们应学会聚焦，持之以恒。

第三节 收起锋芒，内敛之力胜千军

【原文】

为君藏锋，可以及远；为臣藏锋，可以至大。

——曾国藩

【译文】

作为君主，需要隐藏自己的锋芒，才能走得平稳；作为臣子，也应该这样做，才能够建立伟大的功业。

【趣味历史】

秦二世元年（公元前 209 年）秋，刘邦在途中与张良相逢，二人多次深入探讨兵法谋略直至深夜。张良的博学多才、远见卓识令刘邦折服，刘邦虚心接纳张良的建议，张良也因刘邦的赏识决定与其合作。此后，张良作为刘邦的谋士，倾尽全力为其出谋划策，助力刘邦成功建立汉朝。

然而，当江山稳固，局势渐安时，张良却敏锐地察觉到宫廷中的复杂权谋。他难以适应其中的繁文缛节，更预感到刘邦对曾经追随他的臣子有了忌惮之心，毅然决定向刘邦告老还乡。

刘邦询问其缘由，张良坦诚相告："我已为大汉竭尽所能，如今功成身退之时已至。我只想在余生回归平静。"刘邦沉思良久，最终同意。面对刘邦的赏赐和挽留，张良坚决谢绝。他深知不让尊名厚利给自己带来身家性命之忧最正确的方式就是藏锋归田。张良的这一抉择，充分体现了他的智慧，也为自己的人生画上了一个圆满的句号。

【明心见性】

管子云："斗斛满则人概之，人满则天概之。"对于正处于丰盈时期的人来说，此刻你要做的不是将你的成就与荣耀"广而告之"，因为这可能会给你带来无妄之灾。如果你意识到你的锋芒过于耀眼，已经成为别人的"眼中钉，肉中刺"时，唯一的方法就是收敛锋芒、韬光养晦，避免成为别人的焦点，从而避免遭受不必要的麻烦。

【笑谈今朝】

林锋通过多年的不懈努力，在科技创新公司屡获佳绩，得到了市场的认可，成了业界的楷模。他心怀社会责任，积极投身慈善事业。在工作中，林锋并不满足现状，想要推动公司更上一层楼，然而却遭遇了重重阻力。公司一位团队负责人，凭借他是董事长侄子的身份，根本不把林锋放在眼里，两人表面和气，实则矛盾重重。在一次会议中两人发生争执，林锋愤怒离场，使得矛盾彻底公开化。一气之下，林锋提出辞职，他本以为凭借自己多年的成就，董事长一定会挽留自己。但出乎意料的是，董事长并未挽留。最终，林锋带着满心的不甘与无奈，离开了自己为之付出大量心血的公司。

 【明心见性】

　　在这个充满竞争的世界里，你是否曾因为过于锋芒毕露而感到压力山大？其实，真正的智者懂得隐藏自己的光芒，并掌握韬光养晦的生存策略。

　　不是所有的才华都需要展现出来。像珍珠一样，其真正的价值在于内在的光泽，而非表面的闪耀。同时，保持适度的谦逊，既能保护自己，又能赢得他人的尊重。

　　让我们用智慧而非锋芒赢得世界的掌声，一起成为那个在人群中默默发光的人吧！

第四节 告别懒惰，拥抱高效生活

【原文】

百种弊病，皆从懒生。懒则弛缓，弛缓则治人不严，而趣功不敏，一处迟则百处懈矣。

——曾国藩

【译文】

所有的弊病都是由懒惰引起的，懒惰使人行动延缓，懒惰导致治人不严谨。一处迟缓则万事迟缓。

悟　道

【趣味历史】

朱元璋，这位开国的君主，是草莽之辈的典型代表。他并非出身显赫，却凭着自己的智慧、勇气与勤奋，创立了一个强大的王朝。他在统治明朝期间，打下了万里江山，无论大事小事都亲力亲为，追求尽善尽美。

这位皇帝，他的一生过得极其忙碌。他每天要批阅奏章200多封，处理各项国家大事，还要关注各地的民生情况。身为一个称职的皇帝，他知道自己的责任重大，所以无论如何，他都会倾注全部心力，处理所有事情。

令人难以想象的是，朱元璋每年只休息两天的时间。这样的高强度工作，让他看起来更像是一个人形机器。有一次，侍从看到朱元璋实在是过于劳累，于是在午休时间已过时，没有叫醒他，想让他好好休息一番。朱元璋醒来后，大怒道："勤奋者，抓紧时间；懒惰者，消磨时间；有志者，珍惜时间；无为者，浪费时间。我不要做懒惰的皇帝，否则无颜面对百姓，这次就不惩罚你了，下次注意。"这样一个不懒惰的"工作狂热者"，在治国期间，励精图治，百姓安居乐业。虽然也遇到过一些反对的声音，但是他并没有因此而放弃，反而更加激发了他内心的斗志，用自己的努力去改变明朝的命运。

在朱元璋的统治下，明朝逐渐繁荣昌盛，成为一个国力强盛的帝国。他的勤劳、勤勉的故事，也激励着后人勇往直前，不断奋斗，追求自己的梦想。

 【明心见性】

朱元璋正是以这份持之以恒的勤奋，从一介布衣成为一代帝王，建立了赫赫有名的明朝。朱元璋的勤奋精神，不仅成就了他的伟业，也为后世树立了榜样，可以说勤奋是通往成功的必由之路，是每个人实现梦想的基石。

【笑谈今朝】

2020 年，23 岁的杨某因懒惰至极被饿死的新闻震惊社会。杨某自幼被父母过度宠爱，不让他自己走路，吃饭也要喂，村民劝告，反遭杨母斥责。杨某上学后因无法自理辍学，父母却认为这是在保护他。

18 岁时，杨某的父亲去世，母亲病弱。杨母期望他工作，但他依然懒惰。母亲去世后，杨某因为无法自理，卖光家当维生。邻居送米、菜让他做饭，他竟要求送熟食，邻居无奈放弃。后来他太饿了，但即便如此，他也不外出打工，而是喝水后倒头就睡，醒来之后还是继续喝水，冬天的时候，他不愿出门，便在屋子里烧衣服取暖，渐渐地家里能烧的东西都被烧完了，他也再没走出过门。

等到大家发现他的时候，他的身体已经变得僵硬了。

 **【明心见性】**

身处新时代的你，有没有过这样的情景：早晨任凭闹钟大响，你仿佛没听见一般，继续赖在床上；周五的晚上，做好了周末打扫房间的计划，但是第二天，却坐在沙发上刷手机，结果一刷几个小时就过去了；领导让你写一份方案，你拖来拖去，临近半夜才打开电脑。

罗曼·罗兰说："懒惰是很奇怪的东西，它使你以为那是安逸，是休息，是福气；但实际上它所给你的是无聊，是倦怠，是消沉；它剥夺你对前途的希望，割断你和别人之间的友情，使你心胸日渐狭窄，对人生也越来越怀疑。"懒惰是我们生活中的一大敌人，它会导致各种弊病的发生。我们必须正视懒惰，积极战胜懒惰，才能走向成功。

第五节　留点儿福气给自己，省点儿势力给他人

【原文】

有福不可享尽，有势不可使尽。

——曾国藩

【译文】

当一个人有福时，不要过度享用或利用它们；当一个人有权势时，也不要滥用权力或欺压他人。

【趣味历史】

明末，有一位名叫窦尧的郎中，他祖上三代行医，医术越传越精湛，并且独家研制出了数十张秘方。到了他这一辈，已然名满京城，无论什么常见病或者疑难杂症，只要他开五副药服下，病就能好个大半。相传一位奄奄一息的病人在弥留之际服用了窦郎中的一副药，立刻感觉神清气爽，不适之感消失殆尽，窦尧被人称为"华佗再世"。由于医术精湛、收费合理，窦尧深受百姓的喜爱，因此积累了大量财富。

窦尧和妻子为人和善，然而，他们唯一的儿子窦鸿从小过着富比王侯的日子，像很多富二代那样，游手好闲，不务正业。

有一天，窦鸿和他的随从走在街上，看中一家牧户门口的猎犬。这只猎犬毛色富有光泽，眼神明亮，四肢壮硕有力，十分罕见。窦鸿命令随从将猎犬牵来，牧户自然不同意，急忙劝阻。原来这是一只来自草原的牧羊犬，牧户来此投奔亲人，特意将狗牵来送给亲人。窦鸿看到有人竟敢反对，大怒，命随从去抢，并且将牧户打倒在地，叫嚣："这狗我要定了，你今天别想跑。"说罢，把牧户打得遍体鳞伤，随后牵狗扬长而去。牧户来到衙门，状告窦鸿，窦鸿以为父亲会替自己做主，结果父亲不但没有出面求情，还请县衙按照法律法规处罚。

妻子不解，苦苦哀求丈夫前去求情。窦尧流着泪摇摇头，一言不发。三年后，窦鸿刑满释放，望着窦鸿消瘦的样子，窦尧才说出了心底隐藏的想法。原来窦鸿之前的所作所为，窦尧看在眼里，急在心里，想彻底改掉儿子的恶习，于是他不得不用这种方式教育儿子。他对儿子说："福不可享尽，只有珍惜，才能长久地拥有福气和好运势。你之前的行为无异于在消耗福气和运势，哪天它们被消耗殆尽了，可怎么办啊。"妻子与窦鸿瞬间明白了窦尧的良苦用心，从此窦鸿洗心革面，低调做人，乐善好施，成为大家口中的"邻居家的好孩子"。

悟　道

【明心见性】

> 当一个人处于权力巅峰，或正处在运势旺盛的时期，福气自然围绕在他身边。此时，不能得意忘形，而是要告诫自己和家人不能因得势而欺凌他人，也不能过度消耗，甚至透支自己的福气。权力和福气就像是糖果罐中的糖果，应分次取用，细水长流，不能一次性全数消耗殆尽。

【笑谈今朝】

　　乔墨宇，24岁，出身富裕，生活奢侈，常在游艇上举办派对。女友小雪是时尚达人，挥金如土。然而，因为变故，乔墨宇家族的经济状况逐渐恶化，家底渐空，面对小雪的澳门之旅要求，他囊中羞涩。为不让她失望，乔墨宇向富二代朋友赵某借了价值800万的跑车，再抵押给周某，得到1000万元的贷款。之后他又故技重施，从另一名当事人韩某那里骗走了一辆兰博基尼，而由于他之前的信誉良好，大家从未对他产生过怀疑。这么一番神操作下来，乔墨宇成功从几位涉案人那里骗走了将近1.7亿元的巨款。然而，好景不长，他很快就被当事人之一的赵某告上了法庭。小雪得知此事后，选择了与乔墨宇分手。

【明心见性】

> 在人生的旅程中，幸福不可能永远围绕在某个人的身边，它会溜走，会离开，所以，当幸福在我们身边时，我们要倍加珍惜。"势"是一把双刃剑，当我们竭尽全力追求"势"的时候，往往会在不经意间忽略了生活中的其他美好事物。当"势"失去了原有的价值，我们就可能面临巨大的失落和痛苦。"福"和"势"应该适度使用，既不能过度依赖，也不能轻易放弃。

第六节　以细微的舞步，稳健前行

【原文】

　　做官之人，终身涉危蹈险，如履薄冰，故不能不自省、察人。

——曾国藩

【译文】

　　做官的人，一生都如同在薄冰上行走一样小心翼翼，所以需要时时自省，并随时察觉别人的反应。

【趣味历史】

在北宋的历史长河中，范仲淹以清廉自守、时刻自省而著称。

范仲淹，字希文，苏州吴县（今江苏苏州）人。他从小家境贫寒，但聪明过人，志向高远。少年时，他曾在苏州西溪的草堂读书，那里环境幽静，却也寂寞。他常独自面对江水沉思，对自己严格要求，誓要出人头地，报效国家。及第后，朝廷授他为广德军司理参军。后历任兴化县令、秘阁校理、陈州通判、苏州知州、权知开封府等职。在任期间，无论身处何地，他都能坚守本心，不忘自我反省。每日黄昏，他总会坚持半晌的静坐，对己之言行进行深入的反思。即便官位提升，政务繁杂，他仍旧坚持着这一习惯。

随从不解，曾问："昔日您身份低微，行事需谨小慎微。如今地位显赫，何故仍如此小心翼翼？"

范仲淹沉思良久，答曰："正因地位愈高，更应时刻自省，明确自我之定位，以防迷失。"

在自省的道路上，范仲淹从未停歇。他常用"居安思危，思则有备，有备无患"来警示自己。因此，他能一直保持清醒的头脑，深入民间，了解百姓疾苦，反思自己的政策。

正是这种严谨的自省精神，使范仲淹成为一代贤相，受到了世人的尊敬。他的一生，犹如一部生动的历史教材，告诉我们：只有不断自省，才能不断进步，才能真正成为一个有益于国家、有益于人民的人。

【明心见性】

慎言慎行，意味着言行举止要小心谨慎，即使在情绪激动或面临挑战时。这不仅是一种修养，更是一种品质。因此，我们应该在生活中时刻提醒自己，避免冲动和轻率，以免引发不必要的后果。特别是在这个信息快速发展的时代、价值观多元的时代，我们更应该警醒自己，用谨慎的态度去审视自己的言行，用高尚的品质去影响他人，成为一个"四有"青年。

【笑谈今朝】

夏鹏生于富裕家庭，父亲是知名企业的董事长。夏鹏性格骄纵，常以父亲的名义行事。一天，夏鹏在父亲公司旗下的餐厅插队买饮品，被一位男士指责。夏鹏不满，声称餐厅是自家产业，与男士发生争执并动手。冲突升级，夏鹏挥拳将男士打倒，随后在混乱中持刀攻击，导致男士头部受到重创昏迷，最终不治身亡。夏鹏因此被判刑。这场风波由夏鹏不当的言行引发，最终伤人害己。

 **【明心见性】**

病从口入，祸从口出。很多时候，如果在不知不觉中就得罪了他人，自己却不明就里，其实很大程度上都是因为说话的问题。所以，经常有人说"沉默是金，谨言慎行"。谨言慎行，就像是一朵绽放的花朵，需要用心呵护，才能散发出最美丽的光芒。在生活中，只有谨言慎行，我们才能走上一条更加璀璨的人生之路。

第七节 守拙归真，重塑价值观

笨鸟先飞，想要成功就要付出加倍努力。

天下之至拙，能破天下之至巧。

【原文】

天下之至拙，能破天下之至巧。

——曾国藩

【译文】

虽然有些方法或策略看似笨拙、不灵巧，但能够战胜那些过于精巧或狡猾的手段。

【趣味历史】

战国时期，赵国名将李牧肩负重任，驻守在战略要地雁门关，这里是抵御匈奴南下的重要屏障。李牧到任后，他颁布了一系列命令：每日士兵必须勤练骑射，严守烽火台，还颁布了一条铁律——严禁主动出击。每当匈奴的铁骑来犯，李牧总是指挥军队退入坚固的营垒，坚守不出。

这样的局面持续了好几年，匈奴人因此轻视李牧，认为他不敢正面交锋。赵国的士兵们也颇有微词，他们认为李牧的策略过于保守，缺乏进取心，似乎显得有些笨拙。然而，李牧的内心却有着自己的打算，他深知匈奴的习性，也清楚自己的军队需要时间来磨练。

在这看似无为的几年里，李牧实际上正在暗中布局，他利用这段时间加强士兵的训练，积累战备物资，同时也在观察匈奴的动向，了解他们的战术和弱点。李牧看似"笨拙"的策略，实际上是一种高明的心理战术，他故意示弱，让匈奴放松警惕。

终于，时机成熟，李牧开始实施他的计划。他布下奇兵，故意让匈奴军队看到赵军的"软弱"，诱使他们深入赵国境内。匈奴大军果然中了李牧的计谋，轻敌冒进，结果被李牧的军队一举包围。在李牧的精心策划下，赵军如猛虎下山，一举歼灭了匈奴的主力，取得了辉煌的胜利。此战之后，匈奴元气大伤，十几年内都不敢再接近赵国的边境。

【明心见性】

行事稳扎稳打、步步为营，如同悄然绽放的春花，虽不张扬，却在无声中逐渐积聚力量。每一步都深思熟虑，每一次行动都思虑周全，就如同细心雕琢的艺术品，展现坚实的底蕴和稳健的风采。

策略看似缓慢，但都是建立在坚实的基础之上。每一个决策都经过精心考量，每一次行动都确保万无一失，正如一根铁棒打磨成利剑，锋芒毕露，无坚不摧。

如今，人们总是追求速成，轻易放弃。然而脚踏实地，埋头苦干，才能走得更远，才能收获更加耀眼的成功之光。

【笑谈今朝】

在一家科技公司里，有一位老员工老张，工作经验丰富，稳中求进。新员工叶领则不同，他脑子灵活，总能想到一些精巧的方法来提高工作效率。在一个重要项目中，叶领运用了最新的编程技术，设计了一个复杂而精妙的架构。他对自己的方案非常自信，认为一定能大获成功。

而老张则按照他一贯的方式，一步一个脚印地进行开发，虽然看起来进展缓慢，但他对每一个细节都非常认真。

在项目进行到一半的时候，叶领发现他的精巧方案出现了一些兼容性问题，修改起来非常困难，导致项目进度严重滞后。而老张虽然进度不快，但他的方法非常稳定，没有出现大问题。公司领导注意到这个情况后，决定让老张协助叶领解决问题。

老张研究了叶领的方案后，提出了一些看似笨拙却很实用的建议。叶领最初有些不情愿，但为了项目的顺利进行，他还是尝试接受了老张的建议。放弃了一些过于复杂的设计，采用了更直接、更简单的方法来解决问题。随着一个个问题相继得到妥善解决，项目逐渐回到了正轨。

最终，项目按时完成，并且软件的性能和稳定性都非常好。在总结会上，领导对老张的踏实和认真给予了高度评价，同时也肯定了叶领的创新思维。

【明心见性】

正如狄更斯所言："这是一个最好的时代，这是一个最坏的时代。"当下的时代确实充满了无限机遇。即便是一个普通人，也有可能凭借努力和智慧崭露头角。然而，在追求成功的道路上，大众不应被"快速成功"的幻象所迷惑，梦想迅速掌握新技能、养成良好习惯、短期内塑造完美身材、赚取巨额财富或实现购房梦想等。这些愿望虽然美好，但必须认识到，真正的成功往往需要持久的努力和耐心的积累。

当看到身边步伐虽慢却步步为营的人时，请不要嘲笑他们的速度。当遇到那些采用"笨拙"却有效的方法来解决问题的人时，也请不要讥讽他们的方式。相反，应该主动向他们学习，学会放慢脚步，稳重前行，并真正享受每一步的过程。因为在这个过程中，"拙"的理念将指引我们走向更加坚实和长久的成功。

代后记：大道至简

当我们掩卷深思，不难理解"大道至简"所蕴含的深远意义。这不仅是一种智慧的提炼，更是对生命真谛探寻的结果。在这个信息繁杂、选择多样的时代，"大道至简"如同指南针，指引我们穿越迷雾，找到生活的本质和方向。

"道"虽博大精深，但归根结底，它追求的是一种内在的平和与外在的和谐。书中试图通过多维度的解读，让读者领略"道"的精髓，并鼓励大家将其运用于日常生活。

本书的出版，不仅是对中国传统哲学的一种传承，更是对现代生活方式的一种深刻反思。它提醒我们，在追求物质丰富和精神满足的过程中，不要忘记生活的本质——简单、真实、自然。当我们学会以"大道至简"的理念去审视世界时，我们将更加珍视身边的每一份感动，更加坚定地走向未来。

因此，这本书的价值不仅在于它所传递的知识和信息，更在于它所引发的思考和行动。希望每一位读者都能从中汲取智慧，以明朗的心态去面对生活的每一天。